夜间飞行的秘密

郝应其 / 编著

长江出版传媒 | 长江文艺出版社

图书在版编目（CIP）数据

夜间飞行的秘密 / 郝应其编著. -- 武汉：长江文
艺出版社，2024.6
ISBN 978-7-5702-3640-4

Ⅰ. ①夜… Ⅱ. ①郝… Ⅲ. ①飞行器－青少年读物
Ⅳ. ①V47-49

中国国家版本馆 CIP 数据核字(2024)第 104534 号

夜间飞行的秘密
YE JIAN FEIXING DE MIMI

责任编辑：张 瑞   责任校对：毛季慧
封面设计：陈希璇   责任印制：邱 莉 胡丽平

出版： 长江出版传媒 | 长江文艺出版社
地址：武汉市雄楚大街 268 号   邮编：430070
发行：长江文艺出版社
http://www.cjlap.com
印刷：武汉珞珈山学苑印刷有限公司

开本：640 毫米×970 毫米   1/16   印张：8   插页：4 页
版次：2024 年 6 月第 1 版   2024 年 6 月第 1 次印刷
字数：64 千字

定价：24.00 元

目录

古老又年轻的气球

空中巨人——飞艇

航空的科学

古老又年轻的气球

节日的庆祝队伍里，气球成百上千。当它们从人群中飘飞的刹那，欢呼声四起，天空顿时被点缀得五彩缤纷。小读者们，你们想过吗？气球竟是载人升空的第一种飞行器。人类的飞行活动已有两个多世纪的历史，航空事业已经历了气球—飞艇—飞机这三个不同的时期。

今天，我来从头讲起……

一场有趣的表演

1783 年 6 月，法国的蒙格尔费兄弟两人，用麻布和纸制成了一个气球。这个奇特的大球上，画着美丽而富有想象力的图案。他们把烧着的羊毛和干草产生的烟和热气，收集在气球里。于是，这个热空气气球（简称"热气球"）飘然而起，升到了300 米的高度。

消息传到了国王那里。同年 9 月，在富丽堂皇的凡尔赛宫，法国国王路易十六及全体宫廷人员，观看了一次气球携带动物的升空表演。直径 14 米的巨大的热气球下面系着一只挂篮，篮中的"乘客"是一只羊、一只鸡和一只鸭。燃烧产生的热空气充满了气球，把挂篮里的"乘客"带到了 450 米的高空。8 分钟后，挂篮降落在 3000 米外的森林中。气球挂篮中的动物安全无恙。山羊跳出挂篮，若无其事地低头吃草；鸭子健壮如故；只是公鸡稍有不幸，气球着陆时被压伤了胸膛。

这一次表演的成功，大大鼓舞了人心。多少年来人类幻想到达天空，终于有了实现的可能。在那不久，巴黎的米埃特堡，建造起了一座给气球提供大量热空气的热灶。热灶旁边高高地立起两根木头柱子，用来系留气球。新制的气球直径15米，高23米，气球的底部设计好了载人的围圈。一切都准备就绪了。

1783年11月21日，天气晴朗，阳光明媚，不少既好奇又热心的观众聚集在米埃特堡。气球的创始人蒙格尔费兄弟，正忙着往热灶内添加羊毛和干草。他俩的心情不免有点儿紧张，但充满信心。不一会儿，被浓烟和热气鼓胀的巨型气球挣脱了系留索，载着两位航空先驱者罗齐尔和达尔朗德，向着蔚蓝的天空冉冉升起。两人面色从容镇定，不停地向地面显得越来越小的人群挥手致意。这一次，热气球到达了900米的高度，在空中停留了20多分钟，飞越巴黎上空，然后安全地降落在8000米以外的地方。这就是历史上第一次气球载人的自由飞行。

法国科学院为了表扬他们对科学事业所做的贡献，气球发明者蒙格尔费兄弟和两位最早的飞行员罗齐尔和达尔朗德都被选为院士。

热气球飞行盛行一时。1784年1月，蒙格尔费、罗齐尔等6人同乘热气球升空。同年6月，巴黎女子姬泊成为历史上第一位女飞行员。

气球比空气轻，所以是轻于空气的飞行器。古老的热气球是人类创造的第一种飞行器。

气球为什么会升空？

蒙格尔费兄弟制造的热气球，填充的是加热的空气。为什么填充热空气的气球能载人升空呢？为了弄清楚这个问题，必须先简单说明一下空气静力的原理。

大家都知道，一只乒乓球被你用手压到水底时，只要一松手，它就会从水中浮起来。这是因为乒乓球比同样体积的水要轻一些，水给乒乓球一种向上的浮力。气球也是这样。它比同样体积的空气要轻一些，周围的空气也会对它产生一种向上的浮力，叫"空气静力"。我们可以做一个小实验，亲眼看一看浮力是怎样产生的。

假设有一架天平，一边是一个封顶的纸灯笼，一边放着砝码，它们的重量正好相等。然后在灯笼下面放一支点燃的蜡烛。过了一会儿，灯笼内的空气被加热，体积膨胀，一部分空气从底部开口处跑了出去，剩下的空气重量减轻。这时，外面未被加热的冷空气对灯笼产生了浮力，灯笼便慢慢地往上抬起。也许你会说，啊，这是一只小小的热气球吧？是的，在很久以前，中国人创造过一种松脂灯，用竹篾和纸糊成灯笼，灯下放着燃烧的松脂。灯笼内的空气被加热后，它会升得很高。这种松脂灯就是最早的热气球。在航空学中，把让气球和飞艇上升的浮力称为"升力"。

热气球主要是靠加热空气后变轻来产生升力的，温度越高，升力也就越大。蒙格尔费兄弟制造了热气球，虽然在法国科学院受到全体院士脱帽致敬的盛大欢迎，但他们当时并不了解热气球上升的真正原因，错误地认为浓烟是使气球上升的动力，于是拼命地烧羊毛和干草以产生浓烟。

热气球上升的原理，是到了发明氢气球之后才被科学家们逐渐认识的。

第一个氢气球的命运

氢是一种很适于填充气球的气体，在15℃时，1个大气压下，1立方米空气重1.225千克，氦气重0.169千克，而氢气重0.0899千克。因此，氢气可以提供比热空气和氦气更大的升力。

那么把气球内抽成真空，什么气体也不要，是不是可以得到很大的升力呢？这种真空气球的设想，早在17世纪就有人提出过。当时，有个意大利人用黄铜薄板做了一个球，用真空泵抽出球里的空气，想使球内部成为真空。结果，球经受不住外面大气的压力而被压瘪了。这件事说明，虽然球内部被抽成真空后能减轻其重量，但是如果不往球里充进一种既轻而本身又具有一定压力的气体是不行的。当时，化学家们找到了最合适的气体——氢。

就在法国蒙格尔费兄弟发明热气球后不久，1783年8月17日，法国的查理教授把氢气充入了丝织气囊中，制成了第一个氢气球。这个氢气球在空中飘行了 24 千米左右，落在距巴黎不远的一个地方。

那时，还是一个充满宗教迷信的时代，宗教和科学都在用自己的力量争取群众。因为透过氢气球蒙皮渗出一股股浓烈的硫黄气味，所以这个奇怪的"天外来客"被当地居民看成了恶魔。

一位目睹者这样记述整件事情的经过："毫无预料的居民被从天上落下来的喷出硫黄气味的怪物吓呆了，以致毫不怀疑地认定它是一个恶魔。于是他们立刻跑去找来当地的祭司，恳求他念一篇咒文。但是这个平日装神弄鬼的祭司到场之后，连自己都战战兢兢的，不敢靠近这个怪物。最后，有一个大胆的人，走近气球几步，对准它开了好几枪。子弹打穿了气球，里面的气体立刻跑掉了。这时候，人群在祭司的指挥下猛烈地朝气球冲了过去，仿佛在为自己所受到的惊吓而向气球撒气。他们把气球绑在马尾巴后面，不久，气球就只剩下几块碎片了。"

气球到达的高度

　　轻盈的氢气球的飞行高度大大超过了原始的热气球。多少万年以来，人类一直生活在地面上。有了氢气球这样一种简便的、也是唯一能升入高空的飞行器后，许多科学家决心亲身去探测高空的秘密。

　　19世纪初，俄国人扎哈罗夫为了进行科学观察，曾乘坐气球升到2500米的高度。之后，你追我赶，气球上升的高度一次比一次增加。但是，人们为了战胜高度，也付出了极大的心血和代价。因为越往高处，空气越稀薄，空气的浮力越小。要升得高，气球就要做得大。另外，长期生活在地面上的人，突然升到三四千米的高度，就会感到头晕、心跳加速，眼睛看不清楚，浑身无力；升到六七千米时，还会失去知觉，甚至死亡。这就是高空病，主要是因为缺氧引起的。可惜，早期人们对这种病不了解，因此，勇敢的航空先驱者们探索的道路充满了危险……

1862 年，英国气象学者格利塞和他的助手果克苏一起升到了将近 8000 米的高度。

他们建造了一个有趣的高空实验室，除去气压计、温度计、时钟外，气球上还挂着一只鸟笼，粗大的缆绳上系着铁锚（着陆后用它来固定气球，防止被风刮跑）。19 世纪的许多航空先驱者，就是依靠这些简陋的设备，凭着为科学献身的无比勇气，闯上了比珠穆朗玛还要高的云峰。

上升到 7000 米的高度后，高空旅行者受到了第一次严峻的考验——酷寒和空气稀薄不断地折磨着他们的身体。然而，在困难面前，他们仍旧继续挑战升高。

突然，格利塞的眼睛变得模糊，他看不清气压表的刻度和时钟的指针了。他用手撑着身体，很快，右手失去了力量，左手也开始发麻。他正要观察气压表的读数时，头一下耷拉到肩上，力不从心地倒了下去，失去了知觉。在这紧急关头，他的助手果克苏想制止气球继续上升，但是完全办不到，气球还在一个劲儿地往上升。他冒险攀上了吊篮上的框环，想用手去拉放气活塞绳。坏了！他的手臂也开始发麻，不听使唤了。这个年轻的小伙子急中生智，奋力用牙齿咬住活塞绳往下拉，排出了一部分氢气，这才使气球慢慢地降落到地面。

从高空历险归来后，格利塞把他的亲身体验写成了一篇报告。报告引起了医学家们的注意。在进行医学试验时，他们把鸟和动物放在减压舱内，抽走一部分空气后，鸟和动物也渐渐失去知觉，昏了过去；迅速通入氧气后，它们又恢复了体力。根据这些试验，医学家建议乘坐气球升到高空时要携带氧气，这样才能保证安全。但是，人们的认知还是不够全面，科学研究前进的道路并不平坦。

1874 年，根据生物学家贝尔的建议，"北极星号"气球第一次携带氧气袋，升到了 7300 米的高度。

1875 年，法国"天顶号"气球带上三个氧气瓶，开始向新的高度冲击。三名乘员是科罗契-斯宾涅里、西维和济山吉。超过 7000 米后，他们感到呼吸越来越困难，眼皮不由自主地想要闭合，面孔开始失去血色，心跳加速，呼吸急迫……这时，西维仍不停地向吊篮外面抛沙袋，让气球继续上升。

由于严寒的袭击，济山吉的手不停地发抖。但他仍坚持做记录："双手冻僵，自我感觉良好，地平线上有雾和小块羽毛状云层。我们继续上升。科罗契呼吸困难，我们吸了氧气。西维闭上了眼睛，科罗契也闭上了眼睛，一点二十五分……"

写到这里，济山吉也突然感到全身无力，连头也抬不起来了。他想去抓氧气软管，但是，手也失去了力量，只有头脑仍旧清醒。他的眼睛盯着气压计的指针从 290 下降到 280。他想告诉同伴，他们已经到达 8000 米的高度了，但是嘴巴怎么都张不开，随即丧失了知觉。在两点零八分时，济山吉清醒过来，他又顽强地开始做记录："我抛掉沙袋，气压 315，继续下降。西维和科罗契仍旧躺在吊篮底部，急速下降。"写下这几行字后，济山吉又昏了过去。

过了一会儿，科罗契开始苏醒过来，发现气球下降速度过快。他又挣扎着起来解开 17 千克重的集气瓶，把它扔到吊篮外，接着，他又扔掉了沙袋和一件大衣……

不知又过了多长时间，气球瘪了，飞快地掉向地面。当济山吉再度醒过来时，他的两位战友科罗契-斯宾涅里和西维，已经永远地离开了这个世界。这次事件说明，飞行时仅仅备有少量的氧气瓶还是不够的。

5 天以后，人们举行了西维和科罗契的葬礼，好几万巴黎市民赶来向英雄告别。人们在拉雪兹神父墓地为他们建立起一座纪念碑。科罗契和西维并肩安详地躺着，身上覆盖着气球的蒙皮，纪念碑下面刻着他们用宝贵的生命换来的高度纪录——8600米。

航空先驱们的牺牲，引起了科学界的无比惋惜，越来越多的医学家和生理学家加入了高空病的研究行列，终于弄清了人在不同高度由于"氧气饥饿"引起的生理变化。四五千米时，视觉会减退；6000米时，听力会下降；七八千米时，人会突然失去知觉。因此，在4000米以上就应使用氧气，9000米以上应使用纯氧。带上充足的纯氧也只允许升高到12000千米，要想升得再高，就必须使用密封舱或加压供氧装置，这样才能保证人的生命安全。

为了达到更高的高度，人们必须掌握更多的科学知识，只有科学才能帮助人类实现新的高度纪录。

追踪暴风雨和空中"魔影"

　　既然高空充满了险阻，上世纪的科学家们，为什么前赴后继地探索高空和复杂的气象呢？

　　长期以来，气象学家只能在地面上观察气象的变化。一旦有条件接近暴风雨的中心，闯入雨、雪、冰雹的发源地，他们就毫不犹豫地投身进去，运用自己的智慧去研究天空中如海洋般的激流。

　　1850年，法国成立了追踪暴风雨的气球考察组。勇敢的科学家们开始等待这个凶恶的对手。6月29日，阴云密布，狂风骤起，随即大雨瓢泼而至。在最恶劣的天气条件下，考察组的气球起飞了。

　　乘组人员抓住难得的坏天气，一口气升到了5900米的高度，才发现气球出现了故障。原来在起飞时，狂风把气球推向地面，气囊被划开了一个大口子。气球飞快地朝地面下降，上面的人拼命地扔掉一切可以扔的东西，以减轻重量。起飞后7分钟，气球吊篮重重地撞到地面，幸亏被小树丛挡住才避免了人员伤亡。

挫折并没有使人们退却。7月27日，又迎来了难得的坏天气。著名的法国物理学家连涅和阿拉果也参与了考察组的活动。他们携带了当时最完备的仪器：虹吸管式压力计、阳光辐射计、偏光计、防辐射温度计、湿度计、最低温度和压力记录仪以及不同高度空气取样罐……

这一次，科学家们穿过了浓云，一直升到了7000米的高度，取得了许多宝贵的数据。例如他们第一次测出高空7000米的温度为-39℃，他们还观察到了差不多完全由微粒冰晶组成的云层。

法国的富拉马林和果达进行过1500多次气球飞行。这些飞行选择清晨、傍晚、黑夜、白天不同的时间段进行，以便观察各种气象变化，往往一次飞行的时间就长达十几个小时。

1869年4月15日，在一次气球飞行中，在接近一块高度1500米云层的边缘时，突然，富拉马林和果达同时发现前方正对着太阳的云层中也飘浮着一只气球，吊篮内的吊索和仪表都历历可见。"那不是咱俩吗？"他们惊讶地喊了起来。他们挥手，"魔影"中的人也挥手；他们摇动小旗，"魔影"中的人也摇动小旗。更奇怪的是，那只气球吊篮的影子，被彩色的同心环圈所围绕。富拉马林给这个奇异的现象起名为"反日照"。空中"魔影"长时间没有消失，轮廓很清晰。于是空中的观察者们，从容地拿出笔记本记录下这一自然界的奇观，并开始对云层中产生"魔影"的原因进行研究。除此之外，富拉马林还在历次飞行中观察到过许多有趣的天文现象。

天空比海洋还要广阔，不仅有惊涛骇浪，还有海市蜃楼这样的幻景，无怪乎能吸引那么多的科学家去旅行。

科学家的求知欲望永无止境，地球上如同荒漠的北极圈，天空中更高的平流层，都被列入了气球飞行的目的地。

探秘大气平流层

　　地球被一层大气团团围住，我们生活在大气层的底部。从地面到 10000 多米的高空，由于受太阳辐射，特别是地球本身的影响，气流的上升、下降很活跃，所以这层大气结构叫作"对流层"。对流层中有风、雨、云、雪、雾、雹等气象变化。再往上走，在大约 12000 米到 55000 米之间的高空就叫"平流层"了，这里的气流非常平稳，温度也很少变化（又叫"同温层"）。对平流层本质的认识，气球探空飞行家们做出了很大的贡献。

　　格利塞乘载气球历险的高度纪录是 8250 米。科罗契和西维牺牲于 8600 米的高度。所有这些挫折，并没有使人们畏缩不前，对飞行高度的挑战仍在继续。

　　1894 年，别松教授升到 9155 米，次年是 10500 米。

　　1902 年，法国气象学家德波尔第一次提出了

"平流层"的概念。这是用无人的气球探测器测量出来的。后来人们又发现，地球上平流层的高度会随季节而变化，夏升冬降。而且不同地方的高度也不一样：平流层和对流层的分界线在南北极为9000米，在赤道为18000米。

多少世纪以来，平流层一直是一个不为人知的神秘世界。那里是寒冷之国，零下50℃左右；空气稀薄而干燥，太阳整日放射着刺眼的光芒，没有水汽，没有云层。直到1927年，飞行家才开始跨过平流层的门槛。这个人是美国的格林，他在气球吊篮里放了两个氧气瓶，且氧气瓶可以加热，升到了12000米以上的高度。不幸的是，第二次向13000米的高度飞行时，他遇难了。接着不久，"西班牙号"气球的飞行员莫拉斯在11000米高度时遇难。

看来，氧气瓶供氧仍不能保证乘员的安全。在敞开式气球吊篮里，随着高度的增加，气压会降低，由氧气瓶供给的氧压力也随之降低。供氧满足不了人最低50毫米汞柱的需求量，最后，乘气球的人还会由于缺氧而窒息。因此，要想顺利地升入平流层，只有采用密闭座舱或使用专门的高空服才行。

1931年，瑞士的奥古斯特·皮卡尔教授制成了第一只具有密闭吊舱的平流层气球，主要用于研究宇宙线。密闭吊舱里设有观察窗，舱中放有供氧和抽气装置。

5月27日清晨，气球起飞后，舱内一个放置测量外界静电装置的小孔发生漏气，虽然用涂凡士林的麻布堵住了，可舱内的气压已经降到使人呼吸困难的程度。皮卡尔连忙在地板上倒了一些纯氧。之后，气球继续上升，升到了15780米的高度。由于放气活塞被缠绕住，打不开，气球无法下降，直到晚上9点钟，终于战胜了各种困难，探索平流层的人们才降落在一个山区……

至此，人们终于找到了一种高空飞行的合理装置。

1933年，苏联的平流层气球"苏联1号"和"航空化学协会1号"分别升到了18400米和22000米。这些气球的直径达到了35米以上。

1934年，美国的平流层气球"探测者1号"，也升到了22000米。

1956年，美国的平流层气球"探测者2号"，升到了23000米。

气球是依靠空气浮力升空的，越往高处，空气越稀薄，气球的直径也要做得越大。平流层气球的直径已经达到三四十米。据计算，要想飞到40000米的高度，气球的直径就得增加到2000米。

空中观察点

天文学家每天用望远镜对准天空中的星球，他们的注意力在空间上。然而，大气层中的水汽、尘埃会妨碍人们观察。于是，天文学家也竞相乘坐气球升空，把观察点移到了更接近星球的地方。

1874 年，"北极星号"气球上，就装置有研究太阳光谱的仪器。

1885 年，任森从气球上拍摄了太阳在大气低层光球的照片，从照片上推算出最大的太阳黑斑直径大约为 10000 千米。一个多世纪以来，这张照片仍是天文界最精彩的照片之一。

1898 年，有一位法国天文学家夜间乘气球观察到了陨星。

1934 年，苏联天文学家乘气球用望远镜观察行星，推算出了几百年后发生的月食和日食数据、火星的最大和最小直径、月球至地球的距离（差不多精确到 1 厘米)。

乘气球研究天体越来越盛行。20 世纪 50 年代，人们又研制出一种多球式平流层气球，用上百个直径 1 米多的小气球带上密闭舱升空。这种气球不需要复杂的放气装置，只要降落时丢弃几个小气球就行了。

从 1957 年开始，美国天文学家罗斯和普拉热尔使用好几个"平流层实验室"气球来研究金星，往往一次在空中停留的时间超过二十几个小时；1961 年，他们乘"平流层实验室五号"气球，升到了 34670 米的高度，打破了载人气球飞行高度的世界纪录。

随着科学技术的发展，人们还放过许多无人的自动气球探测器，飞行高度达 20000～30000 米。1978 年 4 月，一个自动气球探测器升到了 39000 米的高度，直抵银河中心，收集有关对宇宙线影响的资料。

气球是人类使用的第一种古老的飞行器，由于它具有简便、飘浮高度高等特点，一直在为科学考察和航空、体育等事业服务。飞翔吧，古老而又年轻的气球！

空中巨人——飞艇

　　提起飞艇，小朋友们可能感到陌生。因为很长一段时间，飞艇的发展日渐衰落，现在，很难见到它那巨大的躯体在空中飞行了。其实，飞艇曾经是一种重要的交通工具。曾几何时，每年，成千上万的旅客乘坐飞艇跨过波涛汹涌的海洋，来往于世界各大洲之间。只是由于飞艇存在一些缺点，被后来兴起的飞机所代替。近年来，这个空中巨人已经开始从沉睡中醒来，不远的将来，或许它会重返万里碧空……

飞艇是怎样诞生的？

气球只能随风飘游，不能按预定的航线飞行。所以，乘气球旅行必须观察风向、计算风速、了解不同高度上气流和云层运动的方向。如果运气好的话，气球也能带你到想要去的地方。早期横渡英吉利海峡，从英国的多佛尔到法国就是靠气球实现的。后来，"飞鹰号"气球朝北极飘飞就是因为风向变化，遭到了失败。

为了控制气球飘飞的方向和增加前进的速度，人们模仿大海中的帆船，在气球上安装了风帆和舵面。不多久，发明者发现这条道路是行不通的，因为气球是在气流中航行的，它运动的速度和风速相等，风帆完全不起作用，舵面也很难改变航向。

别具匠心的人们又想到划桨可以使船前进，那么在空中能不能实现呢？早在1784年，法国人罗伯特兄弟就在气球的基础上，制造出一艘人力飞艇。

飞艇具有鱼形的气囊，充入氢气，长 15.6 米，最大直径 9.6 米，下面的框式吊篮可以容纳 7 个人，靠人力来划桨前进。桨是用绸子绷在木框上制成的。结果，飞艇花了 7 个小时，才歪歪扭扭地飘移了几千米。这是制造飞艇的初步尝试。

飞艇的诞生在很多方面是向船舰模仿的结果。人们掌握水面航行的知识已经有上千年的历史，也积累了一定的经验。所以，在早期飞艇设计家的想象中，很自然地把气球和船舰联系在了一起。1801 年，著名的气球飞行家罗别逊画了一幅有趣的幻想飞艇图。这艘飞艇设计得不尽合理，它把 19 世纪沉重的海船原封不动地挂在体积与其相差不多的气球下面，看起来很难获得足够的升力。尽管如此，飞行家丰富的想象中也有不少可取之处，并且在以后的飞艇设计上陆续被实现、取得成功，例如使用气囊和吊舱固定相结合，安装武器，使用天文望远镜、降落伞等。

飞艇的真正启蒙者是以蒸汽机螺旋桨推动的轮船。

1852 年，法国人季裴制造了世界上第一艘带动力装置的飞艇。它诞生时就是一个空中的庞然大物。季裴的飞艇长达 44 米，像一个大橄榄，最大直径达 12 米。气球下用吊索悬挂着框形的吊篮，吊篮内有一

台 3 马力的蒸汽机，带动一个三叶的螺旋桨，破风前进。飞艇上安装了一个三角形的风帆舵面，靠它来控制飞行方向。飞艇起飞后，达到了每小时 9.4 千米的速度。但因操纵系统不完善，季裴无法控制飞艇返回起飞地点着陆。

后来，又有人试验了以内燃机和电动机为动力的飞艇。"天顶号"气球高空飞行的幸存者——著名的飞行家济山吉——在 1883 年就设计制造了一艘以电动机为动力的飞艇。但如何控制飞行方向的问题还是没有得到解决，他用的也是三角风帆舵。

1884 年，"法国号"电动机飞艇完成了第一次返回起飞地点的着陆。"法国号"飞艇长 51 米，直径 9 米。它的螺旋桨装在气囊的头部，飞艇起飞后，装在尾部的方向舵开始起作用，在离开出发地点 4000 米处决定返航。飞艇绕 300 米的圆弧转弯 180 度，掉头向起飞点飞去。在到达 300 米的高度时，打开放气阀门排出一部分氢气，开始降落。到达 80 米的高度时，丢下缆绳，由地面拉回降落点。"法国号"飞艇在试飞时，速度达到每小时 24 千米。

从上面的记载来看，最初的飞艇操纵起来特别麻烦，可以说费了九牛二虎之力才勉强让其返回起飞点着陆，要想飞到预定地点就更加困难了。但无论如何，这些简陋的飞艇已具雏形，具有动力装置，能以一定的速度飞行一定的距离，还能控制航向。

19世纪末到20世纪初，飞艇的发展飞速，法国、德国、英国、意大利、挪威等国都有人从事制造飞艇的业务。

1898年，侨居法国的巴西人杜蒙，第一次把汽车内燃机装到了飞艇上，改进了飞艇的性能。杜蒙一生制造了不少飞艇，1903年，他的第9号飞艇已经相当完善。飞艇的主人屡次乘它到郊区的森林上空进行"空中散步"。有一次，杜蒙竟操纵飞艇在繁华的大饭店前庭着陆，随后步入餐厅就餐，引来不少好奇的观众，成为当时轰动的新闻。

一种方便的空中交通工具逐渐成熟、完善起来了。

从软式飞艇到硬式飞艇

　　早期的飞艇都是软式飞艇。顶上的气囊像一个大袋子，要靠充气产生压力才能保持外形。软式飞艇的气囊必须不透气，最早的一些飞艇采用牛肠皮膜衬在两层棉织物中来防止漏气，一艘飞艇的蒙皮就需要上万头牛的肠皮膜。后来，采用涂胶棉布制作。由于它内部没有支撑的骨架，所以叫"软式飞艇"。软式飞艇只能乘坐几个人。

　　要想制造更大尺寸的飞艇，必须在内部装上金属骨架来保持其外形。19世纪初，人们已经能生产又轻又牢的铝合金了，它很适合制造飞艇骨架。于是许多人开始研究制造带金属骨架的硬式飞艇。经历了一系列探索后，到1900年，德国人齐柏林制造出第一艘硬式飞艇"LZ-1号"。

　　"LZ-1号"飞艇长度为127米，直径11.6米，外形像一支削尖了的巨型铅笔头。它的腹中有龙骨、长桁、框架和张线等构成的骨架。外面是防水布做的蒙皮，里面放置了17个充氢气囊，气囊用涂胶布制成，里面的压力和外面的基本相同。气囊的总容积达12000多立方米，总升力达到了13吨，比当时的软式飞艇容积增大了五六倍。

软式飞艇的特点是制造简单，不使用时，它的气囊可以像气球一样将气放掉，便于折叠、收藏和运输。所以早期的飞行家几个人合作就能制造出一艘软式飞艇来。

硬式飞艇出现后，立即向着增大容积、增加载重量发展，很快成为一种实用的交通工具。硬式飞艇要耗费大量的材料，绝大多数是在工厂里制造的。硬式飞艇去除了缠绕在气囊上的绳索，又把座舱和艇身结合在一起，不仅显得干净利落，而且大大改善了气动性能，飞起来既平稳又迅捷。此外，硬式飞艇的尾部装上了垂直的升降舵和水平的方向舵，操纵起来很灵活。它的气囊是由多个小气囊组合成的，万一有一个漏气，就像轮船的隔水舱一样，不会影响整个飞艇的安全；而软式飞艇只有一个大气囊。因此，在安全可靠方面，硬式飞艇也往前走了一大步。

之后，齐柏林又制造了好几艘硬式飞艇，他成为当时最著名的飞艇设计家。1910 年，齐柏林制成了第一艘运送旅客的飞艇——LZ-7 号，它可以乘坐 20 名旅客，在 9 小时内飞行 700 千米的距离。1912 年—1913 年，齐柏林相继又制造了几艘旅客飞艇，两三年之内飞行了 800 个航次，载运了 17000 名旅客，行程 185000 千米，没有发生任何事故。

飞艇的设计和制造越来越完善，容积和载运量也越来越大。

在飞机尚未完善之前，飞艇曾在航空史上起到过相当重要的作用。

为了停放和维护飞艇，在 20 世纪二三十年代，一些国家建造了大型的飞艇库。为了防止飞艇被大风刮走，还要设置系留塔，把飞艇固定住。此外，飞艇气囊需要充氢，发动机要加燃油和润滑油等，这些都得在地面站进行。地面站的工作显得异常忙碌。

飞艇库是一座长 300 多米、宽 90 多米、高 60 多米的大型建筑物。一座美国飞艇库的面积，足够同时进行 7 场足球赛，或同时容纳 10 万人开会。飞艇出入库房都在钢轨上行走。

飞艇的着陆也可通过系留塔进行。系留塔高度达几十米，是用钢架搭成的。飞艇的头部系留在塔顶，再用绞盘车把飞艇拉降到接近地面，直到飞艇的起落架机轮着地。

有时，飞艇也可系留在较低的系留柱上，起落架机轮直接着地。如果在海面上飞行，也可系留在船上的系留塔顶。

总之，飞艇降落、系留、地面运动、出库和入库都比较复杂；特别是在有风的情况下，难度更大了，稍不小心就会碰坏艇身。早期的飞艇完成一次降落和入库，要动员好几百人来操作；人们拉的拉，拖的拖，像蚂蚁抬大虫一样。后来，才逐渐使用了机械化工具。

飞艇穿越北极

　　冷酷而神秘的北极默默地埋葬了"飞鹰号"气球的第一批探险者。但人们对打开北极空中道路的热情并没有减退。现在飞行家手里有了飞艇，一种比气球完善得多的飞行器。于是，他们毫不迟疑地准备再次踏上这一条风雪和浓雾交织的航路。

　　1926年的夏天，欧洲进入了鲜花盛开的季节，但北极圈内仍是一片白茫茫的银色世界。从意大利罗马出发的飞艇"挪威号"，长途跋涉了7600千米，到达了北极圈内的斯匹次卑尔根群岛。和"飞鹰号"气球一样，探险队把巴伦支海中的这些岛屿作为前进道路上的第一块跳板。只是"飞鹰号"气球是由轮船运载去的，而飞艇却是自己飞抵这里的。

　　5月11日，这艘巨大的飞艇向着地球的最北边飞去。飞艇的驾驶舱内只有三个人，一位是驾驶员挪威人罗尔德·阿蒙森——当时最著名的北极探险家，一年前他曾经驾驶水上飞机首次到达北纬87°43′的地方。另外两位是领航员——美国人林肯·埃尔斯沃思和这艘"空中巨人"的设计师意大利人翁贝托·诺彼勒。

在雾气蒙蒙的北极上空飞行，每前进一步都充满了困难，透过玻璃的舷窗，很难分辨出哪里是灰白色的地平线。

"积冰在增厚，应该把所有的沙袋都抛掉，穿出云层！"诺彼勒紧张地抛着沙袋，指着正面的玻璃窗叫喊着，玻璃窗上那层灰蒙蒙的冰溜越来越厚了。

"可是北极呢？在云雾里我们是看不到北极的！应该维持现状，抛掉一小部分沙袋，保持高度。"阿蒙森冷静地回答道。在他那风尘仆仆的脸上，一双沉着镇静的眼睛仍闪闪发光。他凭借惊人的毅力和熟练的技术，让飞艇在这种气候条件下低空飞行。不过，全体乘员的生命随时都会受到威胁。

飞艇由于积冰变得沉重不堪，被螺旋桨击碎的冰块拍打着飞艇的底部，发出一阵砰砰啪啪的扣人心弦的响声。飞艇颠簸着，低沉的云团仿佛把人压到了高低不平的冰丘上。向下看去，冰原上纵横地满布着一条条裂缝。在雾气的笼罩下，飞艇艰难地朝着北极移动。

已经是 5 月 12 日深夜了，突然间阳光穿过云雾，照射在满身结冰的飞艇上。阿蒙森停止了计算航程，庄严地发布命令："准备好旗子，现在我们下面就是北极！"

埃尔斯沃思手中捧着六分仪，一条腿半曲着，透过舷窗，对准太阳测量。经过仔细测算，他赞同地说："不错，我们是在北极上空！"

三个人难以抑制兴奋的心情，多少年的梦想终于成了现实。飞艇下降到距冰面 100 米的高度，关闭发动机，打开了舱门。阿蒙森先投出一面挪威国旗，接着诺彼勒和埃尔斯沃思分别投出了他们的祖国意大利和美国的国旗。一排国旗竖立在白雪皑皑的冰原上，沐浴着北极夜空的阳光，迎风飘动。

深夜时分，天空中仍旧阳光灿烂，飞艇在北极上空兜着圈子。探险家们激动地欣赏着第一次展现在面前的北极奇观。极地到处都是一堆堆荒凉的碎冰块和冰裂隙，冰裂隙中洁净的海水泛起涟漪。随后，"挪威号"飞艇穿过北极，向着北美洲飞去。

5 月 13 日，三位勇敢的探险家和严寒、积冰、浓雾、大风搏斗了整整 70 多个小时，到达了美国阿拉斯加州的小城泰勒，在那里着陆，与预定的着陆点相差不到 90 千米。三位北极探险家在航行中不仅获得了许多天文、气象资料，还打开了从大西洋至太平洋的最短空中通道，行程达 3200 千米。在旅途中，他们出色地使用了无线电报、天文罗盘和磁罗盘等航行仪器，在航空史上写下了光辉的一页。

飞艇到达北极的消息传遍了全世界，人们用智慧和勇气，更重要的是保有为科学献身的精神，赢得了探索大自然新的胜利。

"齐柏林伯爵号"飞艇的一生

在世界各国制造的飞艇中，"齐柏林伯爵号"飞艇（编号 LZ-127）度过了最辉煌的一生。它是使用时间最长、飞行距离最远的飞艇。

1928 年，"齐柏林伯爵号"飞艇制造成功，它是当时比较大的飞艇，长 236 米，宽 30 米，高 35 米，能容纳 105000 立方米的氢气。飞艇上装有 5 台柴油发动机，总功率达到 2600 马力。飞艇上还有发电站、无线电台和电话等设备。它的座舱是双层的，可以乘坐 50 名旅客，整个飞艇的高度超过了七八层的楼房。

1929 年，"齐柏林伯爵号"飞艇连续飞行了 111 小时 44 分，横渡了大西洋，航程 9900 多千米。

同年，"齐柏林伯爵号"飞艇用了 20 天时间，绕地球飞行一周，飞行途中仅着陆三次，航程 35000 千米。在 20 年代，能获得这样好的飞行成绩

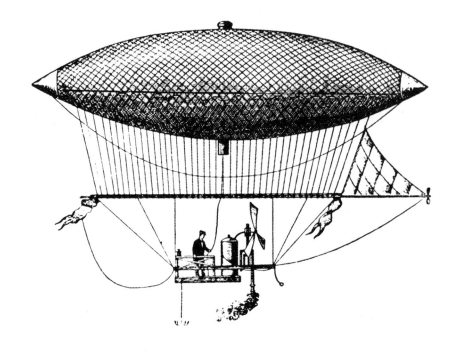

是很不容易的。

1931 年，"齐柏林伯爵号"飞艇载着国际考察组向北极飞去。考察组由各国气象学家、地质学家、地球物理学家组成，共 46 人。

在巴伦支海靠近法兰士约瑟夫地群岛的海面上，"齐柏林伯爵号"飞艇进行了第一次水面降落。飞艇降落在"马雷金号"破冰船的附近，从艇舱内伸出两根大软管吸水，装填配重水袋。同时为了固定在海面上，还抛了两个铁锚。破冰船放下了舢板，几个人顺着舷梯登上了飞艇舱，其中有著名的北极探险家、飞艇设计师诺彼勒。这时，突然一块浮在海面的巨大冰山向着"齐柏林伯爵号"冲来，飞艇只好起飞逃避。

一连许多天，"齐柏林伯爵号"飞艇在北冰洋地区进行了许多项科学考察活动，如放出探空气球，测量温度、湿度、空气含尘量等。根据地形测量的结果，还改正了地图中的一些错误。

经过四天多的连续飞行，"齐柏林伯爵号"飞艇返回了柏林。在它的航行表上又增加了 13200 千米。

从 1929 年—1937 年的 8 年间，"齐柏林伯爵号"飞艇做了 580 次长距离飞行，其中有 150 次是通过南极和北极的。航程总计 170 万千米，运送旅客 34000 多人。

"齐柏林伯爵号"飞艇取得了如此优异的飞行成绩，一直到 1937 年 5 月 8 日，在完成最后一次飞行后，它才被默默地禁锢在巨大的飞艇库中，再也没有重上蓝天，三年之后被拆毁。这是为什么呢？原来，20 世纪 30 年代末，所有飞艇都陷入了被取缔的厄运，即使"齐柏林伯爵号"这样出色的飞艇也不能幸免。这样沉重的打击来自何处呢？

沉重的打击

一直到 20 世纪 30 年代，飞艇都在担负着航空运输的主要任务。特别是要跨过浩瀚的海洋，来往于欧洲、美洲和亚洲之间，行程上千米，只有飞艇才能既迅速又舒适地运送旅客。

从 20 世纪 20 年代起，飞机越来越完善。飞机速度快、造价低、生存能力强，成为飞艇强有力的竞争对手。飞机也相继完成了跨洋和环球飞行的演习，逐渐发展成一种实用的交通工具。相比之下，飞艇这个空中巨人，更显得臃肿笨重、速度缓慢了。再加上造价高、生存能力弱、升降操纵困难、在风中着陆很容易出事故，这些缺点一时很难解决，使得飞艇走上了衰落的道路。不少的飞艇设计专家转向了飞机设计，也反映出飞机将要代替飞艇的趋势。

然而，最沉重的打击，却来自飞艇本身——氢气着火爆炸和设计事故。

翻开早期飞艇的飞行史，事故率是相当高的。例如德国齐柏林飞艇公司前后共生产了115艘飞艇，因地面和空中事故损失的就有26艘，占比23%。其他国家制造的飞艇也出了不少事故。

1921年，英国的"R-38号"飞艇，刚飞行两个多月，在第4次飞行中就发生艇身着火，乘员44人，包括飞艇设计师江别尔全部遇难。

1923年，法国的"底斯米特号"飞艇在地中海上空遭到强风的袭击，被雷击引起爆炸。乘员52人全体遇难。

这种危险的情况，一直持续到1937年。当时，世界上最大的德国飞艇"兴登堡号"，在美国新泽西州赫斯特湖航空港着陆时，在系留塔附近着火爆炸，烈焰包围了整个艇身，90多名乘客和乘员仓皇逃命，其中有30多人遇难。事后调查时，有人认为是静电火花引起的火灾，有人认为飞艇被雷击了。总之，这场灾祸是由于可燃性氢气造成的。至此，民航方面开始禁止使用氢气。

"兴登堡号"飞艇全长245米，直径41.2米，总重量232吨。飞行速度每小时135千米，可以连续飞行16000千米，可以说是最完善的飞艇了。从1936年制成后，曾创造了64个多小时横跨大西洋的速度纪录。一年之内，运送了2000多名旅客。在"兴登堡号"飞艇事故之后，德国勉强将"兴登堡号"的姊妹艇"齐柏林伯爵Ⅱ号"飞艇的制造工作结束。这是全世界制造的最后一艘大型飞艇，结果也只飞行几次就被放弃了。

美国比较幸运，它垄断了氦气生产，可以使用氦飞艇。但是，祸不单行，美国的充氦飞艇"阿可龙号"在海上遇到暴风，被刮到海中。另一艘充氦飞艇"马可号"，也在飞行中被狂风吹折立尾，坠落海中。

世界上著名的大型飞艇接二连三地失事。看来，飞艇的设计和制造还存在着严重的缺点。而新兴的飞机正越来越完善，在和飞艇的竞争中不仅有速度、高度、成本等各方面的优势，在航程上也逐渐赶上了飞艇。最后，它用安全可靠这一项重要指标，把飞艇从各条航线上全部排挤出去。至此，航空完成了"气球—飞艇—飞机"的全部过渡历程，进入了飞机独占天空的时代。

不甘沉睡的大力士

通过对飞艇的历史回顾，这些空中巨人，一定给你留下了深刻的印象，也许，你会关心它未来的命运。飞艇的优点是拥有巨大的升力，可以在空中悬停（保持在固定位置），航行中只需要前进的动力，消耗的燃料很少。所以，可以说它是一个勤俭的大力士。因为这些特点，人们很难把它完全忘掉。随着科学技术的发展，从 20 世纪 60 年代起，飞艇又恢复了它的活力。不少国家重新开始研究和制造飞艇。新设计的飞艇形形色色、一应俱全，突破了过去简单的纺锤状外形，出现了圆盘状、双体型和升力体型飞艇。如果把 20 世纪 30 年代世界上最大的飞艇"兴登堡号""马可号"，和未来的核动力飞艇放在一起比较，它们也只能被看作站在大象边上的小猫而已。

过去，飞艇因受到飞机的排挤而衰落；现在，它又靠着飞机的帮助而繁荣起来。原来，飞机经过几十年的发展和考验，所用的材料进步很快，如高强度钢、铝合金、钛合金、有机玻璃、合成纤维、硼纤维和碳纤维复合材料等，这些都是又轻又牢固的。如果用它们来制造，飞艇重量相较过去可以减少三分之一，空气阻力也小得多。另外，飞机上使用的各种导航和电子仪表、微型电子计算机等，大部分都可以运用到飞艇设计上。这样一来，现代飞艇的载重量、寿命、强度和安全性都得到了改进。特别是飞艇的旅费、运费低廉，未来，飞艇很可能发展成为"空中火车"一样的大众化交通工具。

在高层建筑工地，飞艇可以把预制好的房屋构件，甚至整层楼房搬运到任何需要的地方，大大加快了建筑速度。小型飞艇将担任地质考察、森林防火、森林管理、木材集运、农业施肥、灭虫等工作。或许有一天，它会取代飞机而成为主力军。

未来，飞艇仍会以力大无穷的特点来服务大家，凡是需要吊起几百吨以至几千吨重物的场合，凡是需要把大量货物迅速运走的场合，它都会踊跃现身、大显身手。飞艇这个空中巨人不甘于沉睡了。不久的将来，它一定会再度活跃起来。万里蓝天正焦急地等待这位老朋友的到来。

昨天的飞机

　　飞机成长得很快，也衰落得很快。第一代飞机和以后发展的各种型号的飞机，已经迭代消失了。尽管这样，航空先驱者们的不朽贡献和科学创造精神，永远值得我们纪念。

向鸟类学飞行

　　天高任鸟飞，鸟类是优秀的飞行家。大雁南北迁飞，行程几千里。信鸽能从遥远的地方带着书信返回。古代有不少梦想实现飞行的人，都仔细观察过鸟类的飞行。根据长期观察的结果，人们弄清了鸟有两种飞行方式：扑翼飞行和滑翔（又叫翱翔）。早期的飞机，甚至一些现代飞机，都能找得到鸟类的特征。

　　扑翼飞行是鸟类的基本飞行方式。扑翼的动作相当复杂，大致分为上抬翅膀和下拍翅膀两个阶段。上抬时翅膀弯曲，羽毛散开，翅膀上形成许多条通气的缝儿，这样飞起来就比较省劲。下扑时翅膀伸直，羽毛并在一起，能获得较大的升力。这时，除了升力外，还有一个向前的推进力。这两个力合在一起就形成了倾斜升高的合力。

　　各种鸟每秒扑翼的次数也不一样。鸟的体形越大，翅膀扑动的次数就越少。海鸥每秒扑动三至四次，鸽子四至六次，身体庞大的鹤每秒只能扑动一次。而体重只有几克的小蜂鸟，每秒却能扑翼八十次！

鸟滑翔飞行时，平直伸展双翼，一动不动，翅膀上的羽毛并在一起，随着气流在空中打旋，姿态悠然自得，非常省力。遇到上升的气流，越盘旋升得越高。很长时间，人们对鸟类滑翔的原理一直迷惑不解。国外曾有人认为鸟类肚子里有热气，这是不正确的。我国晋朝有一个叫葛洪的人（公元330年左右）就曾仔细地观察和解释过老鹰滑翔的原理。他认为，老鹰伸直双翅，并不扇动，反而能盘旋飞行，越飞越高，这是因为有上升气流的缘故。

陆地上空的老鹰、雕、鸳，海洋上空的信天翁都是滑翔飞行的能手。每当夜晚来临，鹰、鸳这些身体沉重的大鸟就休息了，即使受了惊，也只勉强扑动一阵翅膀、飞很短的距离，匆忙找一块安全的地方躲避起来。等到黎明到来，太阳把山石晒热，产生了上升气流，它们才开始在空中活动。信天翁也是这样，在没有风的天气，它们就在水面上等待，决不肯轻易浪费体力扑翼飞行。

人们最早注意到的是鸟的扑翼飞行。在飞机问世以前漫长的时光里，各个国家都有过学习鸟类飞行的人。

有一些勇敢的探索者，试图在人的两臂粘上羽毛，或者制作精巧的翅膀来实现扑翼飞行。这些早期的尝试都失败了。我国在西汉时期就有人将全身粘上羽毛，试验过扑翼飞行。

外国也不乏这种勇敢的人。15世纪时，意大利有一个叫达·芬奇的画家，他同时又是一位科学家和工程师。他觉得单靠双臂的力量来做扑翼飞行是很难成功的——人的臂力有限，每秒钟扑动的次数也比鸟少得多。因此，达·芬奇设计了一个扑翼架。人趴在上面用手拨动前边的横杆，杆上粘有鸟的羽毛，脚蹬后边有一对顶板，顶板也和横杆连接，这样手脚一齐使劲，似乎可以飞起来。达·芬奇的扑翼架没有经过试验，一直积压了好几百年，到19世纪末，才被人们发现。这时，人们已经懂得一些空气动力学，经过测算，认为这个方案是飞不起来的。

早期的"翼人"一个接一个都失败了。人们又经过仔细地观察，才了解到鸟类扑翼飞行时翅膀和羽毛的变化。17世纪中期，法国有一个叫贝尼埃的锁匠，制造出了"飞行十字架"，并进行过飞行试验。他在肩上放两根杆子，杆子头上各装有一对长方形的活动翼。杆头向上摆动时，活动翼收拢；向下摆动时，活动翼展开。这个简单的飞行器更接近于鸟的扑翼飞行姿态，充分展现了普通大众的创造力。可惜，靠人的体力做扑翼飞行，产生的升力太小了，这次试验结果还是以失败告终。看来，单纯模仿鸟的扑翼飞行是很难成功飞起来的。

为什么人不能像鸟一样飞行呢？鸟类经过长期的演化，整个生理结构都已经适应了飞行的需要。它们的骨骼轻盈，内部像泡沫塑料一般，比重只有人骨重量的三分之一左右。鸟的胸肌发达，身体外形符合流线型特征，阻力很小。即使这样，在今天也不是所有的鸟都能飞行，比如鸵鸟只能在地面奔跑。体形越大的鸟越难飞行，目前还没有体重超过16千克仍旧能飞起来的大鸟。人体的构造没有鸟类的特点，肌肉在全身平均分布。据计算，一个强壮的青年人的气力（功率）稍微超过半马力（1马力相当于1秒钟内把75千克的重物移动1米所用的功）。最好的运动员手腿拼命用力，短时间能达到1.5马力，然后气力逐渐下降到0.8马力——即使这样，也只能维持3分钟。另外，鸽子每秒钟能扑翼4至6次，而人的双臂很难完成如此迅速的动作。经过多次的失败，人们终于认清了靠体力做扑翼飞行是行不通的。

那么，向鸟类学习滑翔的结果又是怎样的呢？

滑翔是靠固定的滑翔翼，从高处往低处飘飞，遇到上升的气流就可以飞得远一些。最初的滑翔翼也是缚在人身上的。1891年，德国人李林达制成了第一架双曲翼滑翔机。三年之后，他从50米的山顶上，向下滑翔了350米，这是人类进行的第一次滑翔试验。李林达是一个孜孜不倦的飞行家，三年之内飘飞两千多次，拍摄了许多滑翔时的照片，并积累了许多宝贵的第一手资料，对后来的飞机发明做出了很大的贡献。他不幸于1896年在一次飘飞中失事。可以说，李林达为早期的航空事业献出了自己宝贵的生命。

就在这一年，美国的莱特兄弟开始研究飞行。他们靠修理和制造自行车的收入来维持生活，节省下来的钱用来买书和研究设备。他们认真分析了前人飞行失败的案例，通过不断的实践来解决飞行中出现的问题。

风筝是大家都熟悉的玩具。莱特兄弟做了一架滑翔机，像一个大风筝，迎风放入空中。后来，他们又制成一架其他款式的滑翔机，飞行时人体匍匐在上面，用绳索操纵。在机翼前面还有一对小翼，

可以改进飞行时的稳定性，这些是通过风筝和风洞试验后才确定的。这些试验为莱特兄弟以后制造出第一架带动力的真正的飞机奠定了基础。

至此，向鸟类学习飞行可以说取得了初步成功。

目前，滑翔机仍是一个十分重要的飞行器。一百多年来，它的外形有一些改进，但基本结构和原始的滑翔机是相同的。自20世纪50年代以来，我国政府有关部门制成了各种初级和高级滑翔机，载着广大的航空爱好者在蓝天上飞翔，为航空事业培养了大批后备力量。

空气动力学

空气动力学是一门很有用也很有趣的学科。要想了解飞机的结构和飞行原理，必须粗浅地了解一些空气动力学。所以我们在介绍飞机发展史之前，先要谈谈空气动力学和其他一些航空知识。

前面在讲述气球和飞艇的故事时，介绍过空气静力产生升力的道理。空气动力是相对于空气静力来讲的。飞机是重于空气的飞行器，只有当飞机在向前运动时，才能被空气的浮力托起来，这种空气浮力（升力）是由飞机在空气中运动而产生的，所以叫"空气动力"。

飞机起飞时，靠发动机来获得前进的速度，然后通过机翼获得升力，这就是飞机飞行的原理。讲到这里，也许你还不明白。我们从一些日常现象说起，你就会明白的。

人们很容易感觉出，空气对物体的运动有明显的阻力。比如在大风天骑自行车，或顶风跑步等，运动的速度越快，空气产生的阻力也就越大。如果物体不动，让风对着物体吹，同样也会产生阻力。例如在无风的时候放风筝，必须奔跑一阵，风筝才能飞起来；而在有风的天气放风筝，只要站在那里，清风徐来，自然就会把风筝托起来。在上面两种情况下，风筝所受的力是相同的。

飞机也是这样，它在向前运动中全身各部分都会受到一定的作用力。如果飞机不动，把它放在一个特殊的大管子（我们把它叫作"风洞"）内，用同样的速度对着它吹风，让气流从它表面流过，飞机各部分所受到的作用力也是相同的。这个道理叫作"可逆性原理"。因此，我们就可以在风洞里观察和模拟出飞机飞行时的情况。

飞机水平飞行时的升力和阻力，可以用互相垂直的两个箭头表示，和它们相对应的是重力和拉力。升力和阻力之比叫"升阻比"，又叫"气动效率"。很明显，升阻比越大越好。

我们再仔细地观察一下翼型和飞机获得升力的关系。如果把机翼切去一小段，就露出了翼型。原来机翼翼型的厚度不是均匀的，而是前缘厚、较圆滑，后缘薄、较尖锐。我们从中画一条连线（叫

"弦线"），将机翼分为上下两半，这时可以看出，机翼上表面像一座拱桥，下表面则比较平坦。从前缘到后缘，上表面的气流路程长，下表面的气流路程短，空气流过时，由于压力差而产生了升力。

经过长期的观察和试验，人们才认识到翼型的重要性。

翼型的形状对飞机的性能有很大的影响，最早的机翼从结构简单、制作简易出发，采用了平板翼型，结果性能很不好。后来，人们发现把翼型做成像鸟翼那样弯拱的形状，升力特性就改进了很多，莱特兄弟的飞机就采用了这种翼型。不久，德国研究出戈廷根 387 翼型，美国研究出克拉克 Y 翼型，增加了剖面的厚度，改善了升力特性。戈根廷翼型阻力特性不太好，又因后部弯曲，制造不便，后来已很少被使用。而克拉克翼型，制造简便，一直到现在一些模型飞机和滑翔机还在使用它。1930 年左右，美国航空咨询委员会（简称"NACA"，现在已改组为美国国家航空航天局，简称"NASA"）开始研究四位数翼型，后来又出现了五位数翼型——每一位数字代表翼型上固定位置的测量值。这两种翼型多用在活塞式飞机的机翼和尾翼上。层流翼型，通常用于速度较高的飞机。超音速喷气式飞机的翼型是菱形和双弧形对称的薄翼型。1969年，出现了超临界翼型。它的上表面较平，下表面后突起，厚度大，能多装燃料，所以不少飞机开始采用这种翼型。

试验证明，采用平板机翼时，升阻比为5~6，而采用合理翼型的机翼时，升阻比提高到18~20。可见，正确选用翼型是非常重要的。

下图中这位老爷爷在做什么呢？他背着一副机翼正奋力蹬着自行车前进，连小狗沙卡也在一旁助威。他是俄国的空气动力学家茹科夫斯基，正在亲身体验机翼产生升力的情形。经过系统的观察与试验，他想出了测量飞机机翼升力的方法。上面谈到的第一种鸟翼翼型，有的书中就把它叫作"茹科夫斯基翼型"，以纪念他在这一方面的贡献。

飞机在机场起飞的情形也和茹科夫斯基的试验相同。飞机起飞时，先转动螺旋桨或喷气发动机向后喷气，获得前进的拉力或推力，使飞机在跑道上滑跑一段距离，以便迎面气流吹在机翼上。气流通过机翼上表面时路程长，速度快，压力低；通过机翼下表面时路程短，速度慢，压力高。上下表面间压力差的结果是，上翼面被气流往上吸，下翼面往上抬，合起来会产生一种自下向上的力，这就是升力。升力超过飞机的重量后，飞机就能离开地面飞行。

如果把前缘抬高一些，使弦线和迎面气流形成一个角度（叫"迎角"），可以得到更大的升力。飞机起飞和着陆阶段，都会将前缘抬高，增大迎角，以获得较大的升力。但是迎角太大了，升力反而会降低，引起失速现象，这时，飞机就会失去升力掉落下来。

真正的风洞和桌上风洞的原理是相同的，构造也很相似。风洞试验时可以放入模型飞机，也可以把整架飞机摆进去。真正的风洞是一座大型建筑物。整机的风洞试验极其壮观。飞机设计制造出来后，都要经过风洞试验。风洞有低速风洞、超音速风洞和高超音速风洞等。

风洞内有许多仪器用来测量飞机各部分产生的升力、阻力、力矩等。和桌上风洞一样，飞机也是放在或悬挂在天平上，不过这是巨大的风洞天平。

飞机的主要部分

飞机的类型很多，从早期飞机到现代飞机虽然经历了一系列的演变，但它始终保持着五个基本组成部分。这"五大件"就是机翼、机身、起落架、操纵面和动力装置。有了这些主要部件，飞机才能在天空中灵活自如地飞行，在地面迅速滑跑。

我们简单地介绍一下这五部分的构造和功用。

机翼就是飞机的翅膀，它的主要作用是产生升力。此外，还能使飞机得到必要的平衡和稳定。机翼必须有一定的翼型。机翼里面要安装油箱、机枪，收放起落架等。有的机翼前边和下面还要装发动机。机翼后缘外侧有副翼，内侧下面有襟翼。

机翼是由骨架和蒙皮组成的。骨架又分为构架式和梁式两种。早期的木布结构飞机，骨架中的翼肋和桁条是用木材制成的，外面用棉布或亚麻布做蒙皮。现代飞机全部改用铝合金制造骨架和蒙皮，新式飞机还有采用钛合金和不锈钢制造蒙皮。骨架中有两三根翼梁，和它平行的是桁条，和它相交的是翼肋。翼肋用来维持机翼翼型的形状，桁条用来保持蒙皮平整不变形。

机翼的形状有长方形、梯形、椭圆形、三角形等。早期的飞机大多是双翼机，近代飞机全部是单翼机。机翼装到飞机上后，两翼尖之间的距离叫"翼展"，用它来表示飞机机翼的最大跨度。

飞机的尾巴叫"尾翼"。它的结构和机翼差不多，也是由翼梁、桁条、翼肋和蒙皮组成的。尾翼分为水平尾翼和垂直尾翼两部分。水平尾翼后面可以转动的部分叫"升降舵"，前面固定的部分叫"水平安定面"。垂直尾翼后面可以转动的部分叫"方向舵"，前面固定的部分叫"垂直安定面"。尾翼的升降舵、方向舵和机翼后缘的副翼合在一起用来操纵飞机的升降（叫"俯仰"）、转弯（偏航）和倾侧（滚转），所以叫"操纵面"。飞行员手握驾驶杆、操纵脚蹬舵，就可以使飞机改变飞行姿态，如转弯、上升、下降等，还可以做筋斗、滚翻等复杂的特技动作。

飞机的身体叫"机身"。早期飞机的机身只有骨架，没有蒙皮。现代飞机通常是用铝合金制成圆形或椭圆形长筒机身。沿着机身方向的是桁梁和桁条，和它们相交的框格叫"框架"。它们的外面会被包上铝合金蒙皮。机身用来载人和装货，还要安装设备和油箱。轰炸机的炸弹舱设在机身下部，喷气式战斗机的发动机大多藏在机身尾部。

支撑飞机的腿叫"起落架"，它有减震装置。起落架在飞机起飞和着陆时都要受很大的冲击力，所以要用高强度的铝合金和钢制造。轮胎是合成橡胶制成的。最早的起落架都是固定式的，飞行时会产生很大的阻力。现代飞机改为可收放式。飞机飞行时，起落架收放在机翼内。按起落架的安装位置，可分为前三点式和后三点式。主起落架在前面的叫作"后三点式"。主起落架在后面的叫"前三点式"。

飞机的动力装置分为活塞式和喷气式两大类。活塞式发动机有 V 型和星型两种，它们要配合螺旋桨一起使用。发动机的燃料是汽油，它们的功率用马力来表示。

喷气式发动机又可分为涡轮喷气发动机、涡轮螺桨发动机、涡轮轴发动机、涡轮风扇发动机等，这些发动机的燃料是煤油。它们的功率用发出推力的大小——千克来表示。在某些情况下，功率单位马力和千克可以互相换算，以便作比较。

　　近年来，活塞式发动机逐渐被喷气式发动机所代替，现在只剩下一些小型飞机还在使用活塞式发动机。

　　飞机的全部组件都是在工厂的总装车间装配，组成一架完整的飞机。

第一架飞机的诞生

19 世纪末 20 世纪初，随着蒸汽机的发明，出现了研制飞机的高潮。虽然蒸汽机的功率远远超过人力，但当时的蒸汽机还相当笨重。许多飞机装上蒸汽机后，只能在地面上跑一段路，并不能离地飞起来。另外，由于缺乏实践，飞机常常单纯模仿鸟的外形。这些新发明的飞机，有的像老鹰，有的像蝙蝠，甚至连螺旋桨也是羽毛状的。所有这些飞机的空气动力性能都很差，根本飞不起来。

有一些飞机的设计稍微好一些。拿俄国人莫扎依斯基 1882 年制成的飞机来看，这架飞机的外形和现代飞机多少有些相似，有机翼、尾翼、螺旋桨和起落架等。但是，它最多只能算作飞机的雏形。它的机翼是两块方形的大平板；三个螺旋桨中的两个嵌在大平板中间，是由沉重的蒸汽机来带动的。从试验结果看，这架飞机只能在地面跳动几下。看来，莫扎依斯基的飞机最大的缺点是没有吸收当时已经出现的翼型理论；也就是说，机翼表面应该具有一定的弯曲度，不应该是一块平板。

1893 年，英国机关枪的发明者马克西姆造了一架大飞机。这架飞机很气派，长度 44 米，翼展 31 余米，装着一台 300 马力的大蒸汽机，能带动两个直径 3 米的螺旋桨。飞机的总重量达到 3600 多千克。马克西姆造了两条木轨道，让飞机在上面滑跑。试验了几次，都在半途出了事故。最后一次试飞时，飞机歪歪扭扭地驶过了 300 米，被迫停下，试验就这样结束了。

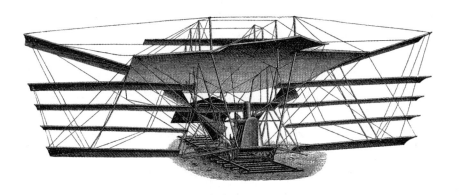

马克西姆为什么失败了呢？原来他只重视试验，看不起航空理论，他做了许多科学试验纠正了前人的错误认识，这是好的方面。但他却片面地认为空气动力学和数学计算都是空谈，只单纯搞试验，结果成了盲目的实践家。他的飞机重量和尺寸都超过了后来的轰炸机，但发动机功率还不到这些飞机的一半，难怪飞不起来。

差不多同时间，莱特兄弟也在进行研究。1903年，莱特兄弟已经改进和试验了第三架滑翔机，初步掌握了稳定和操纵的规律。这架滑翔机可以飞越180多米的距离，每次留空时间超过60秒。莱特兄弟没有上过大学，但他们很重视通过书本学习航空理论知识，经常向学者们请教和索要资料。另一方面，他们也注重亲身试验，自己建立了小型风洞。哥哥威尔伯·莱特说过："若谁想绝对安全，那就坐在墙头看鸟飞好了；如果谁想飞行，那就得动手造一个机器，在实际试验中去熟悉它。"他们计算过，李林达三年中滑翔2000次，留空时间总共才5个小时；他们通过放风筝、滑翔和试验"飞行"，留空时间大大超过了李林达。于是，他们信心百倍地开始制造带动力装置的飞机。

那时，汽车内燃机刚发明不久，也很笨重。汽车公司的老板不愿意冒险制造航空发动机——莱特兄弟只好自己动手，在自行车技师泰勒的帮助下，花了6个星期的时间制造出一台12马力的活塞式发动机——重量竟有77千克。这台发动机用链条带动两个推进式螺旋桨。

为了尽可能减少飞机的重量，设计者动了不少脑筋。机身骨架和机翼全部用又轻又牢的枞木和按木制成，螺旋桨也是枞木的。具有弯曲翼型的机翼蒙着薄薄的没有漂白过的棉布。莱特兄弟放弃了起落架和机轮，把机身下部做成滑橇来滑行，这样又使机身减轻了不少重量。最后计算一下，整架飞机重量不到 280 千克。在这架飞机上，驾驶员也是匍匐着的，这既增强了飞机的稳定性，又可以减少阻力。经过一个冬天的紧张劳动，这架长 6.5 米、翼展 12.3 米的飞机终于试制成功了。他们的第一号飞机被送到了试飞场。

1903 年 12 月 17 日，第一号飞机开始试飞。第一次由弟弟奥维尔·莱特驾驶，在 12 秒钟内飞行了 36 米远。虽然这样的成绩不够理想，但总算飞起来了。再接再厉，继续试飞。第四次由哥哥威尔伯·莱特驾驶，在 59 秒钟内飞行了 260 米。这就是后来得到公认的飞机第一次自由飞行的纪录。

莱特兄弟的飞机外形和现代飞机最大的区别是飞机的前面有一对小翼，也就是水平尾翼被移到了机首，它起着升降舵和水平安定面的作用，可以增加稳定性。主翼的翼角是很柔软的，能由绳索牵引而收卷起来，它的作用和后来飞机的副翼相似，用于

倾侧操纵。机尾上安装了两只垂直尾翼。这样，莱特兄弟的飞机就成为一架听从人们意志、能操纵的飞机，它可以绕三个轴线改变航向。在动力方面，莱特兄弟用活塞式发动机代替了笨重的蒸汽机。这是一个很大的进步，也是他们取得成功的重要原因。

几千年来，人类梦想冲破地球的束缚，自由飞翔云中。不少的航空先驱者为了这一理想献出了生命。到 20 世纪初，随着人类对航空科学的逐步了解，重于空气的飞行器——飞机终于研制成功了。

在莱特兄弟制造出第一架飞机的同一时期，先后都有人独立地制造过类似的飞机。其中一些由于某些缺点未加改进而前功尽弃，例如阿代尔的蝙蝠形飞机和马克西姆的大飞机。另一些也取得了成功，只是时间稍晚一些，例如曾驾驶飞艇到大饭店就餐的杜蒙，在 1906 年也制造出一架飞机，在巴黎飞行了 25 米。

莱特兄弟能够成功，是由于他们具有刻苦钻研的精神和虚心学习的态度。第一架飞机研制成功后，他们毫不松懈，不断地探索和改进飞机性能，多次到世界各地做飞行表演，传播航空的种子。因此，莱特兄弟被誉为"航空的奠基者"。

中国人对宇宙的千年探索

很早以前，勤劳勇敢的中国人民就对长空翱翔充满了憧憬。两千三百多年前的诗人屈原，咏叹过以凤凰为车、以玉龙为马，飘忽地御着长风去天空旅行。两千多年前，后汉武梁墓室的石壁上，刻下了长有两翼的飞人图像。这些文化艺术遗迹说明我国人民的航空理想很是源远流长。

我国古代劳动人民创造的科学技术，曾居于世界前列，许多伟大的发明对现代航空发展有着重要的影响。

在公元初年的史书中就记载了我国最初的飞人，他以鸟翼为翼，全身粘着羽毛，飞行数百步。这可能是人类最初的滑翔飞行尝试。

竹蜻蜓是飞机上螺旋桨和直升机旋翼的前身。它由我国传入欧洲后，一直被称为"中国陀螺"。

风筝与滑翔机的飞行原理相似，唐朝的时候，在军事上就曾经使用风筝来求援。

五代时，莘七娘在作战中，曾用竹篾扎成方架，糊上纸，做成大灯，下面用松脂点燃，夜间飞上高空，被当作军事信号，这叫作"树脂灯"。也有资料记载，这是诸葛亮发明的，叫作"孔明灯"。总之，这种原始的热气球最早出现在中国。

中国古代四大发明中的火药和指南针，对航空的发展起到很大的推动作用。从早期飞机到现代飞机，磁罗盘仍是最重要的仪表之一。至于利用火药制造的火箭，在元朝时就已经应用于战争。这种"中国火箭"发展到了很高的水平。一本古代军事书中详细记载了"神火飞鸦"火箭，它就是依靠火药的喷气来推进，把炸药送往敌人阵地的。当时的火箭，不但可以单箭发射，还可以百箭齐发。最有趣的武器是"火龙出水"，这种火箭可以在水面上飞行1500~2000米远，推进火箭燃尽后，腹内火箭会飞出，焚毁敌船。

我国汉代还创造了"卧褥香炉"。这种香炉放在一个镂空的球内，用两个机环架起来，利用相互垂直的转轴和香炉本身的重量，使它任意滚动而不会倾撒。它与今天飞机、导弹用的陀螺仪中的万向支架原理完全一样。

翻开我国的历史，这些伟大的发明创造真可谓琳琅满目。它们已经成为世界人民共同的科学财富，鼓舞着我们向航空事业新的高峰攀登。

在简陋的早期飞机之中，难能可贵的是我国旅美青年冯如设计制造的飞机。冯如是我国第一位航空先驱者。他出身贫苦，12岁时，由广东漂泊到美国旧金山打小工糊口。他完全依靠惊人的毅力，一边工作一边学习，最终成为一个出色的工程师。1906年，23岁的青年冯如眼看列强侵略并瓜分祖国的领土，愤慨万分，他下定决心依靠中国人自己的力量制造出飞机，以巩固国防、抵御列强。他的工作受到了伟大的革命先行者孙中山先生的鼓励。

1910年，经过很多次的失败后，冯如制成了一架带前升降舵的双翼飞机。这架飞机采用新颖的菱形结构，大大减轻了重量，四五个人就可以抬起来。同年10月，冯如带着这架飞机参加了旧金山举行的国际飞机比赛。冯如头戴风镜和飞行帽，脚着长筒皮靴，英姿勃勃、灵活自若地操纵着飞机。高度达到了200米，速度每小时100千米，绕着海湾飞行了一圈，飞行距离约30千米，成绩为全场之冠，并荣获国际飞行协会的优等证书。这一次来参观的各国人士和华侨很多，大家都一致赞扬中国飞行家的成就，报纸上也发布了很多相关的报道。

　　冯如制造飞机成功之后，誉满海外，美国人争相聘请他教授飞机技术。但是，冯如是一个充满热情的爱国者，他制造飞机的目的就是为了祖国的富强。为此，他拒绝了一切邀请，于1911年1月，千里迢迢，带着两架飞机返回祖国，在广州成立了广东飞行器公司，一心一意把自己的才智奉献给国家。不幸的是，1913年8月，在广州附近燕塘举行的一次飞行表演中，冯如的飞机失速下坠失事。冯如身负重伤，临牺牲时，他还勉励在场的学生说："不要丧失前进的信心，要知道，飞行中的牺牲是难免的……"

　　28岁的冯如为中国早期的航空事业献出了生命，他像一株美丽的蒲公英，把飞行的种子撒落在了祖国的辽阔土地上。

　　差不多和冯如同时间，另一个青年华侨谭根也独立设计、制造出一架水上飞机，在万国飞机制造大会上夺得了水上飞机冠军。这时，谭根年仅21岁，压倒了不少欧美各国的飞行名手。消息一时传遍国内外，成为重要新闻。

　　1915年6月，谭根带着他的水上飞机在广州进行飞行表演。谭根的水上飞机性能很好，曾打破过水上飞机飞行高度的世界纪录。在这次表演中，他飞到了 1800 米的高度。

　　冯如和谭根在早期的航空事业中都取得了出色的成绩。特别是冯如还培养出一批学生，他们在飞机方面的创造力，充分展现了中国人民在航空事业上的聪明才智。

现代飞机

碧空万里，高天如洗。

喷气式战鹰凌空飞翔，队列整齐，威武雄壮，在蓝天的画板上拉出条条白色烟带。

宽机身巨型客机，载着数百名旅客，穿云破雾，不远万里，带来了世界各地游人的问候。

今天的飞机是科学技术发展的产物，它们已经演进得相当完善，并且根据不同的需求，变化着自己的外形和本领。

进入喷气时代

活塞式螺旋桨飞机在航空史上起到过重要的作用。但是，每小时 800 千米的速度指标，却成为它前进道路上不可逾越的障碍。

很久以来，飞机设计师都是依靠增大发动机的功率来提高飞行速度的，到这时为什么又行不通了呢？举例来说，一架重量 5 吨的战斗机，装一台 1500 马力的活塞式发动机（重量 800 千克），飞行速度能达每小时 500 千米。如果想让它每小时飞 1000 千米，则需要 12000 马力的活塞式发动机（重量 5.1 吨）。可无论多么能干的工程师，也无法把如此庞大的发动机安装到飞机上去。

因为，飞机需要的功率与飞行速度的立方成正比，也就是说要花费近十倍的力气才能比原来的速度快一倍。此外，飞行速度接近音速时，会产生激波，螺旋桨效率会急剧下降，对飞机产生的拉力变得很小，飞机飞行的阻力却在不断增大。因此，依靠活塞式发动机进一步提高飞行速度的道路已经行不通了。

克服这个困难的办法是，采用个子小、气力大的喷气式发动机来代替个子大、气力小的活塞式发动机。这就意味着，在同样长的时间内，喷气式发动机要消耗掉多得多的燃料和空气，才能产生巨大的功率。

在第二次世界大战中，意大利、德国、英国、苏联都开始积极研究制造喷气式发动机。1939 年至 1942 年，德国和英国相继制造出第一代喷气式飞机。

大个子和小个子

　　现代飞机中的大个子要数大型运输机了，大型客机也可归入大型运输机中。和它们最接近的是远程轰炸机（又叫"战略轰炸机"）。它们都是空中的庞然大物。

　　我们先看一种叫银河式的"C-5A"运输机。它的长度达75余米，翼展67余米，高度近20米，超过了四层楼房的高度，总重量300多吨。它分为上下两层，上层用来装载兵员，下层载运武器。机头翻起是大型运输机的特殊本领，从舱口内伸出载重地板，几辆坦克能隆隆地直接开进宽敞的机腹内。飞机的总载重量接近100吨。飞机下面吊装有4台涡轮风扇发动机。翅膀内是整体油箱，装满几十吨煤油，能飞到10000千米以外的地方。

　　宽机身的大型客机的个子和上面提到的运输机不相上下，一次能载运500名旅客，载重量达120

吨。它们都是现代飞机中的巨人，由于喷气式发动机功率不断提高，才使它们获得了足够的升力。过去的活塞式发动机无论如何是办不到的。

制造大型飞机并不容易，因为不能按比例把小飞机放大。例如较小的飞机起落架前后只有三只轮子，如果大型飞机也这样制造，轮子就会大得惊人，同时地面也承受不了这样的重量。所以，大型飞机的起落架是由多轮小车组成的，每架小车有四或六只轮子，这样像大平板车一样，压力就被分散了。"C-5A"运输机共有28个机轮，前起落架四个机轮并列，后面四个主起落架上各有六个机轮。

我们再来看看它的内部结构，有框架、翼肋、桁条等，外面是蒙皮。这些部件都很沉重，有时一个部件就有一两吨重。所以要把它们放在几万吨重的大型水压机和挤压机上制成一个整体，然后直接装配到飞机上。蒙皮也采用整体壁板，首先在厚板上用化学加工的方法切去多余的部分，保留一些桁条一样的加强肋，以省去铆接并减轻重量。机翼中的空隙部位要用来装燃料，叫整体油箱。整体油箱的每一条接缝处都要涂上耐油的密封胶，不让燃料渗漏出来。

为了使大型飞机的重量减轻一些，很多部位都使用又轻又结实的材料制造，如钛合金、铍合金、玻璃钢（又叫"增强塑料"）、硼纤维和碳纤维增强复合材料等。这些新型的航空材料价格很贵，加工也特别困难复杂，往往要很多科研和工业部门互相配合才能满足。

谈到现代飞机中的小个子，要数单人飞行器了。单人飞行器有许多种，包括固定翼飞机、直升机、旋翼机、伞翼机、火箭喷气背包等。

最简单的火箭腰带，它的重量只有几千克。把它缚在腰上，依靠压缩氮的喷射力量，一名全副武装的战士就能跳越 15 米的高度，飞身跨过几米宽的堑壕。

复杂一些的单人飞行器有喷射背包和飞行平台等，它们能控制飞行高度和姿态。喷射背包的主要组成部分是三个玻璃钢储气瓶——两个装过氧化氢，一个装压缩空气。飞行时，用压缩空气把过氧化氢压入催化罐内，与催化剂接触，经过化学反应，会产生大量的高温蒸气；高温蒸气从喷口向下喷出，产生推力，人就能腾空而起。这种喷射背包可以载人升到几十米的高度，飞越一两千米的距离。它是侦察兵和突击队员的"飞马"，有了它就可以深入敌后执行任务了。

有的喷射背包是由一台小型涡轮风扇发动机和向下的喷管组成的，飞行原理也相同，都是靠反作用力飞起来的。如果再给背包增加一只伞翼，这种单人飞行器就更加完善了。它可以充分利用伞翼提供的升力，延长留空时间，节省喷射燃料，增加飞行距离。喷射背包像一只山鹰一样，可以载人飞过悬崖峭壁，跨越沟谷丛林。

　　如果认为喷射背包提供的动力不够，可以在伞翼下面安装小型活塞发动机，这样它就成了一架灵活的伞翼机。伞翼机飞行速度慢、稳定性好，在短距离滑跑后就能起飞，对于航空爱好者来说，是一种很实用的小型飞机。

　　飞行平台也出现了许多年。在一个直径1米的圆盘上，四周安着栏杆，驾驶员站在栏杆内，一握操纵柄，发动机就会轰轰地响起来，然后圆盘腾空而起，可以飞到六七层楼的高度。飞行平台的秘密在于它的台身内装有油箱和一台活塞式发动机，发动机转动螺旋桨向下排气，就可以把人和台身抬起。它转弯也很方便，驾驶员的身体向左倾斜，"飞机"也向左倾斜，推力也随之改变方向。飞行平台的重量只有60多千克。

　　这种飞行平台可供建筑工人、电业工人和消防员等进行高空作业。国外制造了一种在月球上用的单人飞行平台，和这个平台非常相似，只不过动力装置换成了火箭发动机。因为月球表面的大气非常稀薄，活塞式发动机是无法正常工作的。

还有一种较大的飞行平台，叫作"飞行吉普"，它用四个小螺旋桨带动，可以垂直起飞，也可以在地面上奔跑。

自制小飞机

现代飞机中有许多是航空爱好者自己动手制造的。例如单人小型直升机，它的绰号叫"蜻蜓"。说它是飞机，有点儿让人难以置信。一台20多千克重的双缸二冲程活塞式发动机，加上一副直径2.3米的旋翼，背在背上，就可以飞翔了。可惜它的功率太小，只能从高处向低谷飘飞，还不能做到灵活自如地飞行或按航线飞行。

采用一台四缸二冲程40马力的活塞式发动机，带动一副直径5米的旋翼和一个尾桨，再加上一副带座椅的三角架，就构成一架精巧轻便的直升机了。可别小看它，在主要性能方面，早期飞机根本不是它的对手。小型直升机连人带汽油不到250千克，飞行高度达3000米，时速85千米。航空爱好者制造的单人旋翼机和固定翼飞机，无论从哪一个角度来说，都达到了相当高的水平。

旋翼机和直升机的外形相似，但在机体结构和飞行原理上却是极不相同的。它们之间最大的差别是直升机的旋翼是由发动机带动，以产生升力的；而旋翼机的旋翼并不与发动机连接，而是靠飞机前进时的迎面气流吹动旋转而产生升力。旋翼机的前进是靠水平安装的螺旋桨来推动的。旋翼机没有机翼或只有很短的机翼，它的动力装置也是四缸二冲程活塞式发动机，功率100马力左右。旋翼机起飞和着陆的距离很短，飞行速度每小时几十千米或一百多千米。这种简便的飞机很受航空爱好者的欢迎。

　　造型最优美、制造最精巧的莫过于自制小型固定翼飞机了。经过深思熟虑，一些航空爱好者吸收了早期和近代飞机的优点，利用现有的航空材料，在简陋的棚库内用自己的双手，花上一两年的时间创造了一架小巧玲珑的自制机。所以，说自制机是现代飞机中最小的小个子一点儿也不过分。有的自制机座舱很低，飞行员的半个身体都露在外面；有的飞机干脆连座舱都省掉了，把飞行员的座椅安在了飞机头部，一只后机轮的直径只有杯子那么大。

　　自制机大多用汽车发动机当作动力，因为现代汽车发动机也有了很大的进步，重量轻、功率大、价格便宜。自制机的长度一般有四五米，翼展六七米，重量二三百千克。把它和现代飞机中的大个子——300多吨重的运输机放在一起，你会惊讶地发现，同样是飞机，它们之间的差别怎么这么大呀！

直上云霄

1754 年，俄国的学者罗蒙诺索夫设计、制造了一个试验直升机旋翼升力的装置。这个装置用钟表发条和齿轮带动两根相反方向旋转的轴，轴上各有

一对旋翼。把这个装置挂在滑轮上，另一端放置砝码，使两端重量平衡，然后拧紧发条驱使旋翼转动，这台小小的"空气动力机"就会慢慢升起。发条拧得越紧，动力机就升得越快越高。这个简单的试验，告诉了我们直升机产生空气动力——升力的原理。

19世纪末，就有人设计了一种飞行自行车，它和现代直升机的原理和构造都十分相似，可惜靠人力来做动力是不会成功的。

第一架直升机是美国人西科斯基于1939年完成的。它的VS-300直升机的外形到目前仍是大多数直升机的标准形式。这架直升机的顶部有一副直径很长的旋翼（也叫"升力螺旋桨"），用来产生升力。它的尾部装有一个垂直的尾桨（也叫"尾部螺旋桨"）。

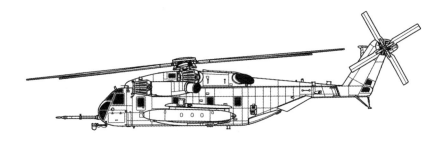

不少的直升机采用了另一种办法。这就是使一对旋翼向相对方向旋转以保持平衡，或者在直升机尾巴内装一个风扇。这些直升机都丢掉了尾桨。

目前，直升机的种类已超过一百多种。直升机的动力装置有活塞式发动机和涡轮轴发动机两种。现在大都采用后一种，因为它的功率较大。直升机的速度不算太快，最多每小时 300 千米左右。

最小的单人直升机重量不到 100 千克，最大的有四五十吨重，能吊起坦克、大炮，或载运五六十名全副武装的士兵。有一种专门设计的大型直升机，甚至能载运发射导弹的履带车。

难以分类的复合体

人类在改造自然的过程中发现，不少的动物和植物可以通过杂交来产生新的品种。骡子的驮载能力超过马和驴，苹果梨的滋味压倒这两种水果。那么各种飞行器相互渗透、取长补短的结果是产生了一代崭新的复合飞行器。但究竟应该把它们划分在哪一类中呢？

我们用一个简单的公式来介绍它们的发展历程：升力体+飞艇＝升力体型飞艇。

升力体是20世纪60年代研制出的一种航天器，它没有机翼，机头很尖，机身下部是扁平的。在完成航天考察任务返回大气层的过程中，升力体可以在大气层中滑行、盘旋，机动飞行数千千米后，到达机场着陆。飞艇设计师看中了它升力大的特点，按照升力体的外形制成了一种新的飞艇。不过，这种升力体型飞艇的体积较小，装填的氦气不能把自已浮起来，所以要在跑道上滑跑一段，再依靠空气动力产生补充的升力，像飞机一样起飞。它的外形看起来像一架三角翼飞机，但又缺少机翼。它一到空中，飞得比一般飞艇快得多，稳定性和可操纵性都得到了改善。后来，一艘长8.4米、宽6.8米、重5吨多的升力体型飞艇开始试飞，每小时速度超过了200千米。

另一种鲔鱼型飞艇也很有趣。鲔鱼是一种具有流线型身体、善于快速游泳的鱼类。风洞试验说明，它身体最大截面的直径为其长度的28%，位于身长一半稍靠前处。这种结构容量最大，阻力最小。鲔鱼型飞艇采用了这种合理的截面形状，又增加了机翼，并在机翼上安装了6台大型发动机。这样，它的外形好像一架被吹胀了肚子的大飞机。如果用公式来表达，就是飞机机翼+飞艇=鲔鱼型飞艇。

直升机+飞艇=大升力型飞艇。在一艘软式飞艇的周围，安装四架直升机，飞艇和直升机互相协力，形成一个巨大的吊车。这样几百吨重的货物，轻轻一提就起来了。

直升机+飞机=旋翼飞机。这种飞机的机翼特别短，它工作时被顶上一副旋翼以减轻重量。旋翼的长度和机身差不多，直径达27米。当飞机起飞时，机翼上的两个螺旋桨并不工作，而是由压气机把压缩空气通到旋翼尖上的喷口内，推动旋翼旋转，使飞机垂直上升。飞到一定的高度时，机翼上的两对螺旋桨便开始工作，飞机才向前飞行。这时，旋翼已经和发动机断开，任凭气流吹动它自由转动，它和机翼各自承担飞机一半的重量，每小时飞行320千米。

母机+子机=母子机。在战争中，轰炸机和运输机行动迟缓，自卫能力不强，易受到攻击。那么，让一架大飞机背上一架小飞机形成母子机，一有情况，背上的子机立刻脱离母机，投入战斗，这样在战斗中就会更灵活、机动。第二次世界大战中，这种大胆的想法引起了许多飞机设计师的好奇。德国就生产过这种母子机，并投入使用。有时，子机是装有大量炸药的无人飞机，专门用来攻击地面上重要的目标。

形形色色的复合飞行器是科学发展的产物。目前有些飞机的设想虽然还没有成功，但随着人们不断地探索和研究，天空中将会出现更多的新组合。

仿昆虫的飞机

人类是最年轻的空中旅行者，飞行的历史仅有一个多世纪。虽然今天已经制成了超音速飞机，但昆虫和鸟类的某些本领仍令人羡慕不已。专门研究昆虫、鸟类和其他动物身体结构、飞行原理和特殊本能的学科——航空仿生学——应运而生。经过科学家不断地观察和试验，昆虫飞行之谜逐渐为人们所了解。

昆虫飞行时最大的特点是翅膀不停地上下拍动，拍动频率之快令人惊奇。昼蛾每秒拍动 5~10 次，夜蛾是 35~45 次，蜜蜂为 180~270 次，苍蝇达 300 次，蚊子 500 次以上。有些昆虫竟达每秒一千次！我们已经知道，翅膀拍动得越快越省力。蜜蜂得采集花蜜和花粉，载重飞行，这就是它需要快速拍动翅膀的原因。

鸟的扑翼飞行动作要比昆虫复杂得多。它远不是单纯地上下扑动翅膀，而是不断地弯曲其翼面，变化羽毛的排列和疏密程度，使它兼有"爬升"和"翱翔"的良好性能。

人们对扑翼飞机的研究已有很多年的历史，但到目前为止，还没有制成一架有实用价值的扑翼飞机。因为人工制造的僵硬的机翼无法与鸟类的翅膀相比拟。

昆虫的翅膀似乎简单一些。以蜻蜓为例，一般蜻蜓的翅膀长 5.1 厘米，然而重量仅有 0.005 克！这种又轻又薄的透明翼有足够的强度和刚度，每秒钟能扑动 16~40 次，飞行 15 米以上。这样高效率的翅膀也不是轻易能够仿造的。地质生物学家发现，古代蜻蜓祖先的翅膀长达 70 厘米，证明大结构的昆虫翅膀自古就有。这对扑翼机的设计者是一个莫大的鼓舞。一些设计者用铝和塑料制成机翼，以蜻蜓为样机，同时使用几对蜻蜓翅膀，按照一定的顺序扑动。据计算，这样的机翼所需动力为普通飞机的三十分之一，而且可以垂直降落。

一架塑料蜻蜓式扑翼机模型，装上 3 马力的小发动机飞上了天空。可以预料，扑翼机将来可用于航空摄影、山区运输和气象研究，也可用于体育训练。

有人别出心裁地创造了一种昆虫翼飞机。虽然它的飞行原理是受昆虫的启发而来，但从其外形上，再也找不出昆虫的痕迹了。

昆虫奇异的飞行运动是借助其身体两侧翅膀的振动，从而产生一股向后倾斜的气流，然后利用其反作用力向前飞行。它的翅膀有规律地上抬和下拍，形成一个 8 字形双纽线。应该注意的是，昆虫翼在下拍和上抬时，翼剖面和 8 字形中线之间的角度是不同的。

昆虫翼飞机的最大特点是将扑翼动作换成了旋转运动。这种飞机与一般双螺旋桨飞机类似，只是采用了周期变距螺旋桨。它们处于不同位置时需要转换角度，这样也能产生一股向后倾斜的气流和反作用力。

昆虫翼飞机比直升机灵活得多。试验证明，昆虫翼飞机可以在紊乱的涡流中飞行，从而可以在直升机也无法达到的绝壁和高层建筑物等抢险工作中发挥作用。在烈焰、浓烟翻腾的高楼旁，昆虫翼飞机猛扑过去，喷洒灭火剂，然后一抬头，转身从容离去。这该有多神奇！目前，这还是一种设想，不久的将来，人们会亲眼看到这种奇特的昆虫翼飞机在天空中到处飞翔。

鹰、隼等大鸟在高空翱翔，在飞行时，它们柔软的翼面上羽毛的变化也相当复杂。有的部分上竖，有的部分下垂，在羽端的羽毛还要张开，以获得较大的升力和较小的阻力。海鸟飞行时，翼尖后掠低垂。人们在观察这些变化的基础上，模仿海鸟的翼尖形状，制造了一种具有圆锥弯曲翼的飞机，飞行时稳定性很好。

　　蝙蝠不属于鸟类，但它的前肢长趾间有皮膜，从而形成两只翅膀。已经有人模仿蝙蝠的翅膀设计了一种蝙蝠翼飞行器，用来帮助航天员着陆。

　　近年来，这种类似蝙蝠翼的软翼飞行器十分盛行。软翼是用人造纤维织物附在铝合金骨架上制成的，好像雨伞的一部分，所以又叫"伞翼"。伞翼滑翔器和伞翼机都已经试验成功。轻便的软翼飞机起飞、着陆时，距离短，能利用公路起飞，飞行速度慢、高度低，可以用于完成许多特殊任务，如侦察、地质考察、救护等。如果战斗机在敌占区被损坏，飞行员跳伞后仍不能脱离危险，可在座椅下面装一台小火箭发动机，并藏一把折叠软翼。这样，飞机就能在空中独立飞行30分钟，然后返回自己的阵地。

警惕的眼睛

　　早期的飞机没有仪表，也不需要仪表。人的眼睛就是最便捷的仪表。飞行时，飞行员完全凭眼睛来估计高度和航向，根据空气吹拂在人体上的感觉来推算飞行速度。

　　飞机的速度和航程不断增加后，对仪表的需要就越来越迫切了。早期发动机性能也不稳定，最好用仪表来监视它的工作。于是，飞机上逐渐装上了高度表、空速表、磁罗盘、发动机转数表等。20世纪30年代的飞机已经装有十多种仪表；到了50年代发展到20多种；60年代猛增到60多种。座舱内密密麻麻地排满了各种仪表、电门、开关、把手，还有各种指示灯、信号灯。飞行员的座椅几乎被仪表包围了。乍看起来，真是令人眼花缭乱，应接不暇。但对于经过训练的飞行员来说，仪表的排列是有严格规律的，要做到有条不紊。这些形形色色的

仪表大致可以分为三类。

第一类叫航行驾驶仪表。有高度表、无线电高度表、空速表、陀螺地平仪、磁罗盘、陀螺方向仪、转弯倾斜仪等。它们可以把飞机的高度、速度、航向、飞行姿态等随时展示给飞行员。

第二类叫发动机仪表。重要的有温度表、转数表、滑油压力表、油量表等。它们可以及时反映发动机的工作状态。如果滑油温度过高或贮油量减少到最低值，信号灯就会自动亮起。

第三类为其他仪表和指示器，有反映起落架和襟翼收放位置的指示器，有电气线路的各种电流电压表、气压和液压系统的压力表，还有氧气仪表和座舱压力表等。它们都是为了保证整架飞机正常工作不可或缺的部件。

现在，飞机仪表的数目不但没有增加，反而减少了。这是为什么呢？

飞行员的工作相当繁重。面对着几十种仪表，他们在观察、判读这些仪表时，只能一掠而过；观察每一只仪表的过程，不能超过几分之一秒。特别是起飞、着陆和作战时，还要同时用手脚操纵飞机，完成各种难度较高的动作。一会儿低头看仪表，一会儿又要抬头观察座舱外的情况，飞行员会变得异常紧张忙碌。

　　为了减轻飞行员的负担，新式飞机把一些相关的仪表结合在一起，用数字显示出来。这些数字会直接放映在飞行员前方的屏幕上或座舱玻璃上，和前方的外景重叠在一起，就好像看电影时影片上的字幕一样，非常清晰。这样，飞行员在观察飞机外面目标的同时，还能看到仪表显示的数字，既免去了抬头、低头的动作，又缩短了观察时间。

　　这种新型仪表系统叫"平视仪"。平视仪还是一种武器瞄准系统，它能通过电子计算机，连续精确地显示向敌机发起攻击时我机炮弹的弹迹，减少瞄准时间，提高射击精准度。

　　飞机仪表的进步，应该归功于微型电子计算机的应用。现代飞机上的机载微型电子计算机只有0.5千克重，其中比指甲盖还小的一片硅片，就顶得上一两万只晶体管。飞机仪表上的雷达、导航、自动飞行控制、机上系统监控等都离不开电子计算机。电子计算机的广泛应用，使飞机座舱仪表变得更加简洁。这样驾驶一架超高音速飞机，就变得像驾驶一辆汽车那么容易了。

奇特的飞行服

人们都很熟悉飞行员的标准服装——皮衣、皮靴和带风镜的皮帽。在敞开式或密闭式座舱内，飞行员的这种着装形式一直保持到 20 世纪 50 年代。那时，飞行服的主要作用是在空中御寒。随着喷气式飞机速度和高度的增加，飞行服也随之发生了明显的变化。也许你曾经在一些照片上观察到，有的飞行员戴着圆圆的头盔，有的飞行员穿着露膝盖的套裤，有的飞行员全身被一种奇特的服装紧裹着，头上戴着巨大的玻璃罩。这些"奇装异服"有哪些功用呢？

现代飞行服的种类也很多，它们起着保护飞行员安全的作用。在战斗机、强击机和轰炸机上，人们根据飞行高度来决定选用飞行服的类型。一般，在低、中空执行任务的飞机上，选用头盔、抗荷服和普通供氧面罩；在高空执行任务的飞机上，选用头盔、代偿服和加压供氧面罩或直接使用成套的密闭高空服。

现代高速飞机飞行员的飞行帽都被头盔所代替了。头盔的壳体是用玻璃钢制造的，内表面还粘有泡沫塑料衬垫和海绵软衬垫，具有很好的减震和防撞作用。飞机在飞行中发生颠簸和飘摆，或强迫着陆、弹射跳伞时，都可能使飞行员头部受到猛烈的冲击。头盔是一种救生装置，类似于易碎品的"包装箱"。有了它，可以大大减少飞行员头部受伤的机率。头盔前部装有能活动的茶绿色有机玻璃滤光镜，不但可以防止阳光刺眼，在跳伞时还可以保护眼睛不受迎面气流的冲击。此外，头盔内还放置有无线电耳机的容腔和一些调节系带。

有一些飞机上没有气密座舱，在 6000 米以上空气稀薄的大气中飞行时，飞行员就会由于缺氧而出现高空病。戴上氧气面罩后，就能飞到 12000 千米的高度。供飞行员呼吸用的氧气存放在高压氧气瓶内，经调节器调到一定的压力后，由氧气导管通入面罩。

在激烈的空战中，敌我双方为了抢占有利位置，都以急剧的特技动作进行跟踪和摆脱，忽而俯冲，忽而急转弯，甚至还需要翻筋斗。在高速运动的飞机上，当速度和方向突然改变时，人会感到体重突然增加或减少。飞行员会感到被压向座椅，手脚沉重，

呼吸困难，眼前一片漆黑，甚至晕厥过去。

抗荷服就是针对这种情况设计的，有了它，飞行员就可以抵抗过荷的有害影响。抗荷服一般由几个串通的气囊组成，气囊外面包着尼龙布套，做成套裤的样子。飞行员穿上抗荷服并和飞机上的气源接通。一旦发生过荷时，抗荷服就会自动充气，对飞行员的腹部和下肢加压，阻止血液过多地聚集在这些部位，同时还可以防止内脏器官变形和移位。所以抗荷服已经成为高速战斗机飞行员必不可少的装备了。

一般规定，在4000米以上的高度飞行时，就应该使用氧气设备。在9000米以上的高度时，需改用纯氧呼吸。飞行高度超过12000米后，单靠纯氧也不行了。这是因为在高空中，外界压力很低，所供应的纯氧也得降低压力，因此，氧分子满足不了人的正常需要。这时，只有让飞行员穿上代偿服，利用衣服向身体表面施加压力，才能相应提高供氧的压力。所以，高空飞行时要同时使用代偿服和加压供氧面罩。

代偿服由衣体、拉力管、抗荷腹囊和代偿腹囊等组成。代偿服衣体部分是紧贴体表的上下身连接服，衣体腹部处装有代偿腹囊和抗荷腹囊；衣服外面装有拉链、调节绳和拉力管。

当密封座舱发生故障或座舱盖破裂，以及应急弹射脱离座舱时，如果这时飞机正处于12000米以上的高空，飞行员就会因缺氧而失去工作能力，甚至有生命危险。而穿着代偿服，情况就不同了。此时，加氧供氧装置会自动供氧，同时向代偿服拉力管囊内充压；拉力管囊充压后会膨胀鼓起，系带将衣体的衣面拉紧，压迫人体表面而造成一定的机械压力，这样就保证了加压供氧的顺利进行。另一方面，代偿服内加压后，可压迫皮肤和肌肉的静脉末梢血管，使其不再扩张；这样血液就不致郁积在一起，回流心脏的血液就会增加。

为了使用方便，往往在飞行员的头盔前方增加电热防冰玻璃窗，把头部完全罩起来，形成气密面罩，直接通入加压氧气，再把气密面罩和代偿服连接在一起，这样就组成了更加实用的密闭飞行服了。

飞机上的气密座舱相当于大型的密闭飞行服。气密座舱内用仪表保持着一定的大气压力、温度和氧气，既可以保证飞行员的安全，又不妨碍飞行员活动，是一种较好的高空设备。但是，在气密座舱中工作的飞行员仍旧要穿密闭飞行服等防护服装，以防气密座舱发生损坏漏气时，不会造成严重的后果。

在航天器方面，如载人飞船、航天飞机、升力体等，它们的航天员也必须穿类似的密闭飞行服。

航空的科学

　　从过去简陋的木布结构飞机到今天设备完善的超音速旅客机，航空领域科学和技术取得了重大的成就。巨大的旅客机来往于洲际航线，一天之内就可以载着人们经历春夏秋冬四个季节；数以万计的农业飞机、工程飞机、地质勘探飞机等在忙碌地工作着。航空事业的发展与我们每一个人的联系越来越紧密。

"彗星号"毁灭之谜

　　1949 年，英国有一家德·哈威兰公司经过三年的努力，设计制造出第一架喷气式大型旅客机。1952 年，这种命名为"彗星号"的空中巨人正式投入航线使用。

　　"彗星号"是新技术和新材料结合的产物，它在各个方面的性能都超过了当时的活塞式螺旋桨飞机。它的机身和翼展都超过 35 米，机高 9 米，具有矫健的略为后倾的机翼，机翼中藏着 4 台涡轮喷气发动机。启动以后，四条巨大的火柱向机身后面喷射。它可以运载 80 名旅客，在 10000 米的高空以每小时 800 千米的速度飞行。

　　"彗星号"的出现立刻把飞机过去的载客量提高了一倍，飞行速度增加了半倍。它还有一个突出的优点，就是采用了增压气密座舱，旅客在 10000 米高空和 2000 米低空时感受一样舒适。因此，在载客量、飞行速度、舒适性方面，"彗星号"都被认为是五十年代最先进的旅客机。此外，它还装上了各种新式导航仪表、雷达、防冰和防火装置，在安全性方面也是不错的。

1954 年，一架"彗星号"飞机从罗马起飞半小时后，在海洋上空机身突然破裂，立刻坠入波涛汹涌的大海之中，几十名旅客和机组人员全部遇难。这架飞机总共飞行了 3600 多小时。接着不久，另一架"彗星号"又突然在飞行中破裂，它只飞行了 2700 多小时。

"彗星号"飞机选用的是最好的制造材料，而且经过严格的检查和试验，证明它是完全可靠的。现在是一种什么样巨大的力量把它击得粉碎呢？其余的"彗星号"也都被迫停止飞行，听候安排。一时众说纷纭。

有人说"彗星号"遇到了高空中强烈的"射流"，把它折断了；有人说它陷入了科学家曾经猜想过的"空中风洞"之中而被粉碎。

"是发生爆炸吗？""是飞机设计上有缺点吗？""还是制造飞机的金属已经疲劳了呢？"又有人提出了一连串的问题——这就是轰动一时的"彗星号"毁灭之谜。

紧张和严密的考察工作开始了。科学家和工程师们用各种仪器观察和测量了几千块飞机碎片，它们是从水深150～200米的海底打捞上来的，且每一块碎片上都记录着它们在海底的位置。

　　一架巨大的"彗星号"——失事飞机的亲姊妹被放入水槽里进行试验。水中试验可以模拟飞机在空中的飞行，并且在水中能把三四小时空中飞行的时间缩短至五六分钟。英国人前后用了三架完整的飞机进行试验。

　　经过试验，查明了"彗星号"失事的真正原因，是由于金属"疲劳"。

　　什么叫"疲劳"呢？其实，疲劳破坏是一种常见的现象。例如要想把一根铁丝拉断，需要很大的力（拉伸应力），但是反复弯曲它，只需要一个很小的力（弯曲应力），弯曲到一定次数后，它就会断裂。这就是一种疲劳破坏，反复弯曲的次数叫循环数（疲劳寿命）。

　　飞机也是这样，每起飞和降落一次，机舱就受到一次压力差变化的循环，这和铁丝被反复弯曲的情况相似。久而久之，在"彗星号"驾驶舱装雷达天线切口处，蒙皮就会发生疲劳断裂。这时，机舱内的一切都变成了用压缩空气来发射的炮弹或枪弹，造成剧烈的爆炸，飞机瞬间毁灭。

从此，材料的疲劳引起飞机设计师的高度重视。他们和材料学家共同努力来加强飞机结构件的疲劳寿命，使"彗星号"和其他大型旅客机再没有发生过类似的情况。改进的"彗星号"飞机继续飞行到1956年，才被更好的飞机所代替。

目前，飞机和发动机材料的振动疲劳、热疲劳等仍是材料研究中的重要课题。

鸟开始与飞机为敌

鸟是飞机的启蒙者。在飞机刚诞生最初的半个世纪内，它的速度比较慢，在广阔的蓝天中，鸟与飞机比翼齐飞，相安无事。当喷气式飞机出现以后，随着飞行速度的增加，情况就发生了变化。鸟类开始与飞机为敌，而且鸟对航空的危害越来越严重，人们不得不开展专门的"航空鸟类学"研究来对付它们。让我们来看看双方的矛盾是怎样被激化的。

1960年，一架大型涡轮螺旋桨客机满载乘客，在美国洛甘航空港起飞后，突然4台发动机中的3台功率猛降，使飞机失去平衡。驾驶员采取了许多补救措施，最后飞机还是坠落在机场附近的水塘中。检查结果发现，这3台发动机都是因为吸进椋鸟而发生事故的。

1962年，英国客机"先锋号"飞入一大群海鸥之中，驾驶员感到在飞机前方突然形成了一堵鸟墙，飞机发生剧烈的振动。其中两台发动机停止工作，两台损坏，飞机立刻迫降。着陆后发现，飞机的机翼、机身很多处都被海鸥撞出了凹坑。

1964年，一只大雁闯进了一架美国喷气式战斗机的发动机里，造成机毁人亡。

由于飞机数量和飞行速度都在增加，飞机和鸟相撞的案例也越来越多，造成的危害也越来越严重。仅在美国，10年之内就发生了1500多起这类事件。

在苏联发生过一件很有趣的事情。一个飞机场的附近，长着一片茂密的榛子林。到了秋天榛子成熟的季节，聪明的小鸟会成群结队叼来坚果，从空中摔到结实的水泥跑道上，然后飞下来争相吃美味的果仁。这真是它们理想的场院啊！无论是发动机的轰响，还是打信号弹，都不能把它们驱赶走，以致机场上的飞机再也无法起飞。

如何来解决这些问题呢？航空鸟类学者们想出了一些办法。

在鸟禽比较多的地区，为了避免飞机与鸟相撞，人们研究出各种驱鸟的办法。首先是将机场附近鸟禽栖息地和觅食场所取缔，迫使它们搬迁、远走高飞。另外，在跑道上设置转动的惊鸟人，放置鸟尸标本，给鸟造成恐怖气氛，或者用扩音器播放鸟的惊叫声，等等。

另一方面，在飞机和发动机的设计上也进行了改进。比如选用高强度和高韧性的材料来制造，在发动机前加装防护网和栅格，等等。为了观察飞机和鸟相撞后造成损坏的严重程度，现代飞机和发动机在使用前还要进行投鸟试验。

鸟对飞机风挡的危害最大，因为座舱风挡玻璃后面坐着驾驶员。所以航空有机玻璃制成的风挡在被装上飞机之前，要放在一门特殊的大炮——鸡炮前面，用特殊的炮弹——1.8千克重的鸡或鸟去轰击，这样来模拟出飞机以不同速度飞行时与鸟相撞的情况。如果玻璃被击穿或打裂，就说明要换更厚、更耐冲击力的玻璃才行。

发动机的投鸟试验也是这样，每次要投入大小不同、数目不一的鸟禽。100克左右的小鸟，一次最多投进16只。如果通过投鸟试验，发现发动机不能满足最低的要求，就要对发动机进行改进。

现在，鸟开始与飞机为敌，给人们带来了不少的麻烦。但不要误会，到目前为止，鸟类仍不失为我们的良师益友。航空仿生学就直接从鸟禽身上得到了许多宝贵的借鉴。

蜜蜂给飞机的启示

人们都熟知蜜蜂勤劳和勇敢的品格，可也许并没有注意到它建筑方面的才能。蜂窝是由一排排整齐的六边形格孔所组成，底部呈锥形，而它所用的材料是轻质的蜂蜡。

远在 18 世纪初，蜂窝就引起了科学家们的兴趣。法国学者马拉尔琪曾精确地测量了蜂窝底的菱面：蜂窝底是由三个菱形板组成的三角锥，菱形板的钝角平均是 109°28′、锐角平均是 70°32′。物理学家列奥莫拉猜想这两个角度和格孔的容积之间存在着某种关系。于是，他就去请教巴黎科学院院士、数学家克尼格，请他计算建造一个六边形格子，用最少的材料获得最大的容积，它的底板菱面钝角和锐角应该是多少。数学家得出的结果是钝角 109°26′、锐角 70°34′。这几乎和蜂窝测量出的数值完全相同。物理学家列奥莫拉感到很满意，蜜蜂建造的

小小蜂窝和最合理的建筑物只有2′的误差。

过了几年之后，一只航船在海上遇难，是因为船长在计算船行驶的经度时产生了错误。事后人们对船长使用的对数表表示怀疑，经过验算，原来这张对数表不够准确。当年，数学家克尼格在计算六边格孔底板菱面时，正好也使用了这张不准确的对数表。使人们惊讶的是，用新的对数表验算之后，分毫不差，蜜蜂建造蜂窝所选用的角度完全正确！

随后，对蜂窝产生浓厚兴趣的是飞机设计师和航空材料学家。飞机结构件要求材料轻、强度高，而蜜蜂的建筑物正好具备这两个特点。于是从20世纪50年代开始，蜂窝结构被广泛地应用在飞机设计上。

　　飞机上用的蜂窝结构叫作"夹层结构"。它是由较薄的两层面板夹入蜂窝状的夹芯所组成的。面板材料有铝合金、不锈钢、钛合金、玻璃钢、碳纤维和硼纤维复合材料等；夹芯材料有铝合金箔、不锈钢箔、牛皮纸、玻璃布等。一般先将芯材制成波纹条，使它具有半个六边形的形状，然后用胶连接成六个方格子的夹芯，再和面板进行热压合。

　　蜂窝夹层结构具有重量轻、抗弯、强度好的优点，还可以隔热、吸音、防震等，在飞机的机翼、尾翼、舵面、雷达罩上普遍使用。在发动机和导弹上也可采用蜂窝结构。有些战斗机和运输机，差不多全身都使用了蜂窝夹层结构。想不到小小的蜜蜂竟走在了现代飞机的前面！

蝙蝠与雷达

夜幕降临大地，颗颗繁星在天际闪烁。一架夜航飞机的翼尖灯，像两颗流星从夜空划过。紧贴着树梢有几只黑影掠过，疾飞而去，那是蝙蝠。立刻有一群飞蛾，扑腾着翅膀，掉落在地面上。

啊，繁忙的仲夏夜空。你可知道，夜航飞机、蝙蝠和飞蛾这三者之间有什么关系？原来，蝙蝠和飞蛾正进行着一场激烈的、无声的战斗。夜航飞机从它们身上得到了启示，才能安全地飞行。让我们来谈谈蝙蝠和雷达的故事吧。

蝙蝠不是鸟，而是一种哺乳动物。它是靠带皮膜的扑翼来飞行的。多少年来，蝙蝠养成了昼伏夜出的习惯。它的视力已经严重退化，所以不敢在阳光下活动。可是一到夜晚，它比许多鸟类都灵活。在夜空中，蝙蝠上下翻腾跃动，追逐飞蛾和蚊虫，很少让这些害虫逃脱。

人们终于了解到，蝙蝠飞行时探路的工具是耳朵和嘴巴。它一边飞行，一边发出吱吱的叫声，然后用耳朵捕捉反射回来的回声。不过，这种声音频率很高，人的耳朵是听不见的，只能用仪器记录下来。蝙蝠靠嘴巴和耳朵构成的这种特殊的仪器叫"声呐"（或"声定位器"），也叫"超声雷达"。

　　有了"雷达"，蝙蝠就可以在夜晚盲目飞行，熟练地捕捉飞蛾和蚊虫了。

　　现代飞机上装有各式各样的航行仪表，其中最重要的一种就是雷达。无论是客机还是战斗机，都装有一部或好几部功用不同的雷达。它们的原理和蝙蝠的"雷达"是相同的。雷达上装有发射机和天线，相当于蝙蝠的嘴巴；不过发射机发出的不是超声波，而是无线电波。无线电波碰到前方目标后反射回来，又通过天线被雷达接收机（相当于蝙蝠的耳朵）接收，显示在一个像电视机一样的屏幕上。驾驶员根据无线电波往返的时间和方向，就能够知道目标的距离、方位等。

雷达的构造和用途有许多种。在飞机航行雷达的荧光屏上，可以清楚地看到空中和地面的目标——飞机、铁路、湖泊、山峰等。因此，尽管是在漆黑的夜晚或大雾弥漫时，驾驶员都可以安全地飞往目的地。

有些新式飞机上还装有地形跟随和地物回避雷达。这样就可以通过电子计算机和自动控制系统来自动驾驶飞机，使飞机的飞行位置随着地形的起伏随时变化，和地面始终保持一定的距离。遇到障碍物就自动左右盘旋，绕过危险。目前，这种雷达多用在战斗机和轰炸机上。它们在离地面几十米的高度飞行，可以逃避敌人的雷达搜索和地面上炮火的攻击，出其不意地突入敌方阵地上空，执行战斗任务。

有的飞机上装有敌我识别雷达、轰炸雷达、火控雷达等攻击和自卫武器，帮助飞行员搜索、轰炸、开炮射击和发射导弹。如果同时出现几个目标，雷达的电子计算机会自动发出命令，向不同方向发射好几枚导弹。

无论如何，人造雷达看起来比蝙蝠的"雷达"高明得多。但不要忘记，人造雷达是从蝙蝠身上学来的。

我们回过头来再谈一谈飞蛾的本领。蝙蝠是飞蛾的天敌，又有巧妙的"雷达探测器"，看来飞蛾处于相当不利的地位。但为什么有那么多的飞蛾能够生存下来呢？

其实，飞蛾也有灵敏的侦察设备。在它的胸腹之间有一种特殊的听觉器官，叫"鼓膜器"，专门接收超声波。一有情况，鼓膜器就立刻发出警报，飞蛾会非常迅速地做出反应，或者突然改变飞行方向，或者翻筋斗、转圈，从而摆脱敌人的追逐。如果敌人近在咫尺，实在无法逃避，飞蛾也决不会甘心成为蝙蝠口中的美餐，于是一收翅膀，从空中直线掉落下来，让蝙蝠扑个空。

此外，飞蛾的身上长有一层厚厚的绒毛，可以吸收大部分超声波，使蝙蝠收听不到回声，无法准确发现目标。这是飞蛾的第二种战术。

有的飞蛾身上带有一种振动器，能发出一连串的咔嚓声，用以扰乱蝙蝠超声雷达的收发工作，起到以假乱真的作用，让追捕者耳朵旁一片嘈杂、晕头转向。这样一来，在夏夜的"空战"中，飞蛾经常能安然无恙地逃走。这里用的第三种战术叫作"积极干扰"，比以上两种消极防御效果更好一些。

飞蛾的特殊本领又给人类设计飞机带来什么样的启示呢？人们创造出一种飞机的电子对抗装置。

在错综复杂的战斗环境中，军用飞机也采取了类似于飞蛾的反雷达措施，千方百计地不让敌机的雷达发现。这种双方设法破坏和干扰对方电子设备的办法，叫作"电子对抗"。

第一，飞机上装有警戒雷达。它的接收机专门用来监视敌机的雷达、导弹或地面雷达所发出的无线电波。如果敌机从尾部来袭，它立刻向飞行员发出警告，提醒飞行员可以像飞蛾那样采取俯冲、跃升或急转弯来摆脱敌人。有的飞机的警戒雷达可以在紧急关头，通过电子计算机向偷袭的敌机开炮射击，变被动为主动。

第二，飞机外表面是铝合金的，很难装上绒毛，将吸波材料涂在或贴在飞机表面上，就可以减少雷达波的反射。另一种办法是携带大量的金属箔片、涂金属的玻璃丝等，一旦进入敌方控制的空域时，就把这些反射无线电波的干扰物投到空中。这样，敌方的空中和地面雷达屏幕上，会呈现出白茫茫一片，什么也分辨不出。

第三，飞机带上专门的干扰机。有的发射杂波干扰，就像飞蛾的振动器发出咔嚓声一样，使敌人的雷达失去作用；有的发射假信号，以迷惑敌人。大型轰炸机还能携带诱惑导弹，放出去以后，用来转移敌人的注意目标。

由于电子对抗变得越来越重要，就产生了专门的电子对抗飞机，如电子预警机、电子干扰支援机等。它们本身装有大量的电子设备和干扰物，跟随编队飞机进入战区执行任务。为了在早期发现敌机，电子预警机背上载着巨大的雷达天线罩，像顶着一个大圆盘，因此具有特殊的形状。

看来，蝙蝠与飞蛾之间战斗的全部秘密武器，都被现代飞机所采用，并加以发展了。

向古老的飞行家学习

在提高喷气式飞机速度的过程中，许多勇敢的试飞员被一种奇怪的现象夺去了生命。当飞行速度达到某一数值时，机翼就会发生剧烈的颤振，飞机常常在瞬间破成碎片。经过不断地试验和摸索，人们终于找到了抗颤振的方法。其中一种就是在飞机两翼前缘的末端各装上配重，以起到抗颤振的作用。

人们研究蜻蜓的飞行原理时，十分惊讶地发现这种昆虫早就在双翼上安装了配重。蜻蜓翅膀末端前缘黑色的色素斑（翅痣），其位置和飞机上的配重情况完全相同。如果人们早一些向昆虫借鉴这种有效简便的办法，就可以少走些弯路，避免许多危险。

苍蝇，是大家厌恶的昆虫，这点姑且不谈。我们看看它那高超的飞行本领，它们在空中上下翻飞、互相追逐时，身形是何等灵活。原来，它们除了现存的一对翅膀外，另一对后翅已经演变成像哑铃一样的器官，称为"平衡棒"。有一种马蝇，飞行时，平衡棒在垂直平面内迅速振动，每秒达330次。别小瞧这对只占蝇体重不到三千分之一的小器官，它却能感受到它们在不平衡飞行时产生的力，并控制翅膀的扇动以纠正其飞行姿态。

近年来，发展起来的中程与远程导弹，多采用惯性导航系统。这种导弹在飞行中能不和外界联系，独立秘密地接近敌区。它的惯性导航系统中有一只振动陀螺来指挥，而振动陀螺正是像苍蝇的平衡棒一样的装置，是从苍蝇那里模仿来的。

海豚是一种游得非常迅速的哺乳动物。据说，它在行进中能把潜艇抛在后边。水的密度比空气大800多倍，那海豚的高速运动方式会不会对飞机有所启示呢？

海豚的皮肤构造也很特殊，内外共有三层。外表皮层薄而富有弹性，下面是乳头层或刺状层。乳头下面有稠密的胶原纤维和弹性纤维联系，其间充满液态脂肪。海豚这种复杂的皮肤组织，在水压力下使液态脂肪流动起来，以阻止体表附近产生涡流。这就是海豚高速潜游的秘密所在。

人造海豚皮由三层橡皮组成，总厚度2.5毫米。上层平滑，模仿海豚的表皮层；中层有橡胶乳头，其间充满硅树脂液体；下层起支持板的作用。目前，这种人造海豚皮包裹在鱼雷和小艇外壳上，能显著提高航速。而且这种设计也能用在大型船舰和飞机上。

此外，海豚的外形也引起了飞机设计师的关注。它的身体粗细与体长相比，是最好的流线型比例。鲔鱼也是这样。有人想模仿鲔鱼的身形对"波音-707"客机的机身进行改造，这样一来，不仅能在上面增加一层客舱，还可以在下面机舱内安装几台升力发动机，演变成能垂直起落的飞机，载客量和实用性都有了很大的改进。

海豚形飞机的设计也很有吸引力。使用现代客机同样功率的发动机，将机翼缩短、机身变粗，不仅可以提高飞行速度、增加载运量，还可以利用宽大的底舱安装升力发动机。在飞机垂直起落阶段，需把上部进气口打开，巡航飞行时，再将其关闭。

除了上面介绍的特点外，海豚还有一种减小摩擦力的方法——当它的运动速度很大时，它已经不能靠皮肤来消振和阻止涡流了，这时，它的皮下肌肉便开始做波浪式运动。沿海豚身体奔跑的波浪消除了高速运动产生的漩涡，使得它仍旧能飞快地游动。此外，它的额部还有带弹性的脂肪垫，可以消除前面的湍流，使其转变为层流。

在空气中高速运动的物体也能引起涡流。海豚形飞艇的前后部位都装有激波器。激波器由两片平行的桨叶组成，飞行中激波器会转动，前激波器吹送一股断续的气流，赶走旋涡；后激波器吸取气流，使飞艇机翼部分形成平静的层流。就这样，海豚形飞艇取得了飞艇速度竞赛的冠军。

在太平洋、大西洋、印度洋广阔的海域里生活着各种各样的飞鱼，它们靠浮游在海洋中生存。飞鱼的胸鳍特别发达，又长又宽，张开来就形成了一对天然的翅膀。它们的腹鳍也很发达，演变得有些像飞机的水平尾翼；其尾鳍分成上下两片，这就好比飞机的方向舵。可以说，飞鱼的外形和早期的单翼飞机一模一样，而人类从双翼机过渡到单翼机花费了整整30年的时间。大约在20世纪30年代，飞机设计师才开始仔细地研究飞鱼的结构及其飞行原理，研究过程中使用了高速摄影机和风洞。

飞鱼飞行时用尾鳍飞快地将水朝后面拍击，然后一跃而起，跳出水面，擦着水面飞行。这时，它首先张开胸鳍，然后打开腹鳍，只有尾鳍下片保持与水面接触。当飞行速度增加后，飞鱼猛冲一下，跳出水面5~10米，开始在空中滑翔飞行。大约飞行10秒钟，飞过150米远的距离后，便落到水中。最大的飞鱼差不多有半米长，两片胸鳍张开的翼展达 0.6 米, 飞行速度每小时 25~30 千米。飞鱼为什么要从水里跳到空中飞行呢？它是在追逐昆虫和逃避敌人。飞鱼既善于在水中潜游, 又善于在空中飞行。它对人类的启示是制造出一种水空两栖飞行器, 我们把它叫作"潜水飞机"吧。

潜水飞机具有飞鱼胸鳍一样的可伸缩翅膀, 能潜水也能飞行, 是一种有力的海空武器, 可用于从空中攻击敌人的舰艇和水上目标；必要时, 藏身水中以逃避敌机的反击。它也可以发挥水中潜游的本领, 秘密接近敌舰, 完成任务后迅速从空中返航。在民用方面, 潜水飞机能支援海上探井平台和遇难海轮, 迅速飞往作业区, 潜入水中观察, 并放出潜水员进行抢救工作。

随着科学的发展, 飞鱼式的潜水飞机也一定会成为现实。

以上谈到的是仿生学中的一部分例子和设想, 在航空技术中使用的仿生学研究成果远远超过这些。信鸽飞翔千里而归, 是因为它能感受到地磁。夜莺和飞蛾靠星座领航, 能在黑夜中辨别方向。响尾蛇依靠头部颊窝能感知红外线, 以此来捕食动物。所有这些特殊本能, 都被人们所发现、探讨, 制成了原理相同但更为精确的航空仪表。不论过去、现在还是将来, 动物的特殊本领都会对人类有所教益。

飞往宇宙空间

宇宙是广漠无垠的，永远没有尽头。

自古以来，人类就幻想遨游太空、飞往别的星球，因此创造出不少美丽的神话故事。

从19世纪初发展起来的航空技术，实际上是在低层大气中航行的技术。无论气球、飞艇和飞机，它们的活动范围离地面至多不过二三十千米，比起地球半径6400千米和高达1000千米的大气层，仿佛是在贴地面飞行了。

20世纪50年代末，第一颗人造地球卫星上天以来，人类进入了航天时代，随后相继出现了载人飞船和行星探测器。有了这些航天器，我们就可以了解月球、火星、金星等星球的面貌。在太阳系内的航行叫"航天"，到太阳系以外的航行叫"航宇"。

到目前为止，所有的航天器，包括卫星和载人

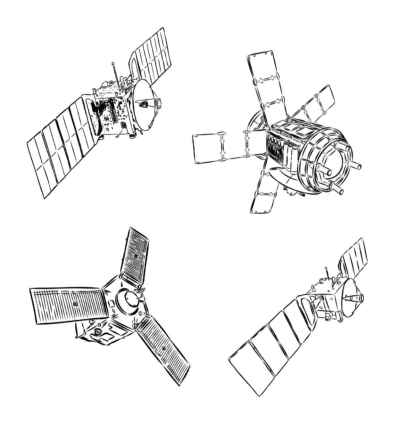

飞船，都是靠巨大的多级火箭被送到轨道上的。这些重量一两千吨的火箭在完成运载任务以后，本身就报废不能再使用了。这样每发射一次卫星和飞船，都要耗费很大的人力和物力。后来，研究出一种航天飞机，它是一种可以多次重复使用的运载工具。

航天飞机的外形像一架普通的三角翼飞机，但其没有水平尾翼，长度为 37 米多，翼展约 24 米，重量 68 吨。航天飞机中部的货舱里，能容纳 29 吨的有效载荷——用于运载人造地球卫星、航天站、飞船等。

航天飞机本身装有 3 台发动机，但要想达到每秒 7.91 千米的第一宇宙速度还有些不足，因为机身下还挂着固体火箭助推器和巨大的外贮箱，其中装有上千吨的固体推进剂。航天飞机由发射台上垂直起飞时，发动机和助推火箭同时点火，熊熊的火柱把航天飞机推离地面，徐徐上升。离开发射台后不久，航天飞机的姿态便调整到选定的方位。起飞 30 秒后，把发射台上应急脱险用的火箭抛掉。大约在 40 千米的高空，固体燃料助推器燃烧完毕，被小火箭推开，用降落伞回收。然后，航天飞机靠自身的主发动机继续上升，进入轨道并抛掉外推进剂箱（相当于飞机的副油箱）。航天飞机的主发动机熄火后，就开始进行轨道修正。这时，航天飞机已经在离地球 900 多千米的轨道上运行。一般停留 7 天左右。在此期间，宇航员打开货舱，把航天器卸掉，同时回收旧的航天器。如果负载舱改装成空间实验室，就可以在空间开展各项研究活动。

　　航天飞机完成自己的任务后，由轨道机动飞行发动机改变速度，脱离轨道，再进入大气层，滑翔数千米后，返回预定机场着陆。

　　以上是航天飞机的整个活动方式。经过不断的发展，航天飞机的用途进一步扩大，除去运送和回收航天器外，还可以对航天器进行检修，为空间站运送物资，并承担建筑任务、抢救遇险航天员等。在军事上，它能担负起拦截敌方卫星和反导弹的任务。

但航天飞机并不是完美的。它的发射与维修成本极高，结构复杂，技术难度大，只辉煌了30年就退出了历史舞台。

空间站的建立，包括太阳能电站、特种空间医院、工厂和农场等，将进行在真空、失重和太阳能条件下的各种有趣的试验。一些在地面上无法治愈的心脏病和其他疾病，在空间医院能得到治疗。空间工厂能用从月球上采来的矿石冶炼高纯度合金和高透明度的玻璃。空间农场在失重条件下能培育出硕大的瓜果、蔬菜……所有这一切的空间活动，都离不开航天科技的发展。

航天活动是航空事业的延伸和扩展。如今，我国的载人航天、深海深地探测、探月工程、卫星导航系统等领域不断涌现新的成果。在未来，航空和航天事业一定会更加繁荣兴旺。

少年读者们，希望你们学习，学习，再学习，努力去攀登科学高峰。未来的世界是属于你们的！